제4판

새로운

확률의 이해

장세경 · 김현 지음

KM 경문사

제4판을 내며

2006년 책이 출간된지 6년이 흘렀다. 그동안 독자들의 뜨거운 사랑에 감사해 마지 않는다. 이번 제4판의 개정은 기존 본문의 오자를 수정하였다. 그리고 2011년, 2012년, 2013년 기출문제와 풀이를 새롭게 추가하였다. 또한 기존 연습문제의 해답이 미비하여 이것에 대한 수정 보완이 이루어졌다.

이 책를 봐주시는 독자 여러분들에게 작은 도움이 될 수 있으면 합니다.

끝으로 이 책의 출판부터 제4판이 나올 수 있도록 도와주신 경문사 직원여러분께 감사의 말을 전한다.

2013년 1월

저자 일동

머리말

우리가 살아가는 현 시대의 생활 속에서 확률이라고 하는 용어는 이제 더 이상 낯선 용어가 아니다. 현대 사회에서 확률의 필요성은 크게 증가하고 있지만, 현재 고등학교 교육과정에서 조차 확률통계의 과목이 선택과목으로 되어 있어 어려운 학문이라는 선입견에 접할 기회마저 줄어들고 있다. 뿐만 아니라, 일반인들이 가까이 다가가기에는 결코 쉽지 않다는 문제점을 안고 있다.

이와 같이 확률론은 중요성에 비해 현재의 교육과정에서 위치가 불안정한 것이 사실이다. 이러한 확률의 위치를 다시 잡는데 미력이나마 보탬이 되고자 여러 해 동안의 강의 경험을 바탕으로 확률론 교재를 출간하게 되었다.

확률론에서 기초적이며 필수적인 내용들로 확률과 통계를 전공하기 위한 기초 입문서적이나 전산학, 공학, 경영학 등의 응용 분야에서 참고서적으로 사용할 수 있도록 구성하였고, 일반적인 확률론 교재와 마찬가지로 1주일에 세 시간의 강의로 한 학기에 마칠 수 있는 내용들을 엄선하였다.

제1장에서는 확률을 공부하는데 있어서 기본 바탕이 되는 경우의 수와 확률의 정의를 소개하였고, 제2장에서는 확률을 수학적 모형에 접근시키는데 필요한 확률변수와 확률분포를 다루었으며, 제3장에서 확률론에서 통계학으로의 전환에 필요한 기대값과 분산 등의 특성을 다루었다. 제4장에서는 확률분포의 구체적인 종류 중에서 이산형의 특징을 갖는 분포들을 소개하였고, 제5장에서는 확률분포의 구체적인 종류 중에서 연속형의 특징을 갖는 분포들을 소개하였다. 제6장에서는 한 개의 확률변수에서 다루어지던 문제들을 두 개의 확률변수로 확대시켜 앞 장에서 다루었던 내용들을 이변수에 대한 사항들로 정리하였다. 마지막으로 제7장에서는 두 개의 확률변수의 특성을 나타내며 통계학에서 필요로 하는 공분산과 상관계수에 대하여 전개하였다.

참고로 교사 임용고시를 준비하는 학생들을 위하여 확률과 통계의 2006학년도까지의 기출문제의 풀이와 정답을 실어 혼자서 공부하기에 어려움이 없도록 정리하였다.

앞에서 언급하였듯이 이 책은 강의 노트를 바탕으로 구성된 것이므로, 내용에 있어서 몇몇 부분이 강의를 하면서 참고하였던 서적들로부터 영향을 받았다. 예제와 연습문제에서 출처를 밝히는 대신 참고문헌에 저자들이 참고한 책과 독자들의 공부에 도움이 될 책의 목록을 수록하였다.

아무쪼록 이 책으로 인하여 확률을 필요로 하는 많은 분들께 도움이 되었으면 한다.

끝으로 이 책이 출판될 수 있도록 도와주시고, 수고하여 주신 도서출판 경문사 여러분께 진심으로 감사를 드린다.

무엇보다도 기도와 격려로 지켜보아준 가족들에게 감사의 마음을 전하고, 기쁨을 함께 나누고 싶다.

2006년 7월

저자 일동

차례

제4장 이산 확률분포

제5장 연속 확률분포

제6장 결합 확률분포

제7장 공분산과 상관계수

CHAPTER 1

확률과 경우의 수

1.1 서론

사전적인 확률(確率)의 의미는 어떤 일이 일어날 확실성의 정도를 나타내는 수라고 알려져 있다. 즉, 확률은 어떤 불확실성에 의하여 결과가 좌우되는 현상이나 또는 사건이 일어날 가능성을 측정하는 측도로 인식되었다. 이 장에서는 이러한 일반적인 확률의 개념을 수학에서는 어떻게 정의하는지와 확률의 여러 가지 성질에 대하여 알아본다.

일반적인 개념의 확률을 수학에서의 확률로 정의하기에 앞서 필요한 용어를 살펴보자.

정의 1 확률 실험

어떤 불확실성에 의하여 결과가 좌우되는 현상을 확률 실험 또는 확률 사건이라고 한다.

예제 1 다음의 현상들은 확률 실험이다.

(1) 여러 지역의 연 강수량의 변동 현상

(2) 시시각각 변화하는 주가 현상

(3) 도시의 하루 교통사고의 발생 현상

위의 예제와 같이 자연현상이나 사회현상 중에서 결과가 미리 결정되지 않는 현상들을 확률 실험이라 하고 이러한 미지의 현상들의 문제점을 해결하기 위하여 확률을 연구한다.

1.2 표본 공간과 사건

정의 2 표본 공간과 사건

(1) 표본 공간

한 확률 실험에서 발생할 수 있는 모든 가능한 결과들의 집합을 표본 공간(sample space)이라 하고, Ω 또는 S로 표기한다.

(2) 사건

표본 공간의 부분 집합으로 특정한 확률 실험에 대한 결과의 집합을 사건(event) 또는 사상이라 하고, 알파벳 대문자 $A, B, C, \cdots$로 표기하거나 $E_1, E_2, E_3, \cdots$로 표기한다.

(3) 표본점

한 확률 실험에서 발생한 각각의 결과들을 표본점(sample point)이라 한다. 즉, 표본 공간의 각 원소들을 뜻하며, 알파벳 소문자 $a, b, c, \cdots$로 표기하거나 $e_1, e_2, e_3, \cdots$로 표기한다.

(4) 빈도

하나의 사건을 이루고 있는 표본점들의 개수를 빈도(frequency) 또는 도수라 하고, 사건 A에 대한 빈도를 $n(A)$ 또는 $|A|$로 표기한다.

(5) 상대 빈도

표본 공간에 대한 사건의 빈도의 비를 상대 빈도(relative of frequency) 또는 상대 도수라고 한다. 즉, $\dfrac{n(A)}{n(S)}$이 상대 빈도이다.

예제 2 한 개의 주사위를 던지는 확률 실험에 대하여 다음 물음에 답하시오.

(1) 표본 공간을 구하시오.

(2) 홀수의 눈이 나타날 사건을 정의하시오.

(3) 표본점을 나열하시오.

(4) 표본 공간과 사건의 빈도를 구하시오.

(5) 표본 공간에 대한 사건의 상대 빈도를 구하시오.

풀이 한 개의 주사위를 던져서 나올 수 있는 결과는 1부터 6까지이므로, 각 물음의 결과는 다음과 같다.

(1) 표본 공간은 $S=\{1, 2, 3, 4, 5, 6\}$이다.

(2) 홀수의 눈이 나타날 사건을 A라고 하면, $A=\{1, 3, 5\}$이다.

(3) 표본 공간의 각 원소들이 표본점이므로, $e_1=1, e_2=2, \cdots, e_6=6$이다.

(4) 표본 공간을 구성하는 표본점이 6개이므로, 표본 공간의 빈도는 $n(S)=6$이고, 사건 A를 구성하는 표본점이 3개이므로, 홀수의 눈이 나타날 사건의 빈도는 $n(A)=3$이다.

(5) 표본 공간과 사건의 각각의 빈도가 6과 3이므로, $\frac{n(A)}{n(S)}=\frac{3}{6}=\frac{1}{2}$이다.

정의 3 공사건과 전사건

(1) 공사건
확률 실험에서 한 개의 결과도 발생하지 않은 경우의 사건을 공사건(impossible event)이라고 한다. 즉, 표본점을 갖지 않는 사건을 뜻하고, ϕ로 표기한다.

(2) 전사건
확률 실험에서 반드시 일어날 수밖에 없는 사건을 전사건(sure event)이라고 한다. 즉, 표본 공간을 사건으로 갖는 경우를 뜻하므로 표본 공간과 동일하게 Ω 또는 S로 표기한다.

(3) 근원사건
확률 실험에서 한 개의 표본점만을 결과로 갖는 경우의 사건을 근원사건(elementary event)이라고 한다.

(4) 여사건
확률 실험에서 발생한 한 개의 사건에 대하여 그 사건에 포함되지 않는 결과들을 갖는 사건을 여사건(complement event)이라고 한다. 즉, 사건 A에 대하여 A가 발생하지 않는 사건을 의미하고, A^c로 표기한다.

정의 4 상호 배반

동시에 일어날 수 없는 두 사건의 관계를 상호 배반(mutually exclusive)이라고 한다. 즉, 두 사건 A와 B에 대하여 $A\cap B=\phi$인 경우의 두 사건 A와 B를 상호 배반 사건이라고 한다.

1.3 경우의 수

어떤 사건이 일어날 수 있는 방법의 하나하나를 경우라 하고, 그 개수를 경우의 수라고 한다. 경우의 수를 헤아리는 기본적인 방법으로는 합의 법칙과 곱의 법칙이 있다. 경우의 수는 확률을 구하는데 있어서 필수적인 요건이다. 이 절에서는 경우의 수를 구하는 여러 가지 방법에 대하여 알아본다.

정의 5 합의 법칙

사건 A_1이 일어날 수 있는 경우의 수가 n_1가지이고, 사건 A_2가 일어날 수 있는 경우의 수가 n_2가지라고 하자. 이때, 두 사건이 동시에 일어나지 않는다고 하면, A_1과 A_2가 일어날 수 있는 경우의 수는 $n_1 + n_2$가지이다. 또는 두 사건이 동시에 일어나는 경우의 수가 n_3라고 하면, A_1과 A_2가 일어날 수 있는 경우의 수는 $n_1 + n_2 - n_3$가지이다.

예제 3 수학 전문서적이 4종류, 영어 전문서적이 3종류가 있다. 이 중에서 어떤 것이든 한 권만 선택할 수 있는 경우의 수를 구하시오.

풀이 수학 전문서적만 선택하는 경우의 수는 4가지이고, 영어 전문서적만 선택하는 경우의 수는 3가지이므로, 합의 법칙에 의하여 4+3=7가지이다.

위의 합의 법칙은 여러 사건들이 동시에 일어나지 않는다는 조건하에 있어서 다음과 같이 확장할 수 있다. 즉, 사건 $A_1, A_2, \cdots, A_n$에 대한 각각의 경우의 수가 $n(A_1) = n_1,\ n(A_2) = n_2, \cdots,\ n(A_n) = n_n$이라고 하자. 이때, A_1 또는 A_2, $\cdots$ 또는 A_n이 일어날 수 있는 경우의 수는 $n_1 + n_2 + \cdots + n_n$가지이다.

예제 4 서로 다른 두 개의 주사위를 동시에 던질 때, 두 눈의 합이 4의 배수가 되는 경우의 수를 구하시오.

풀이 4의 배수는 4, 8, 12, 16, ⋯인데, 두 주사위 눈의 합의 최대수는 12이다. 따라서 다음과 같이 나누어 생각한다.

① 눈의 합이 4인 경우 : (1, 3), (3, 1), (2, 2)
② 눈의 합이 8인 경우 : (2, 6), (3, 5), (4, 4), (5, 3), (6, 2)
③ 눈의 합이 12인 경우 : (6, 6)

그러므로 합의 법칙에 의하여 4의 배수가 되는 경우의 수는 3+5+1=9가지이다.

예제 5 흰공 8개가 원형으로 배열되어 있다. 이때, 검은공 4개가 흰공 사이에 하나 하나씩 배열되는 방법은?

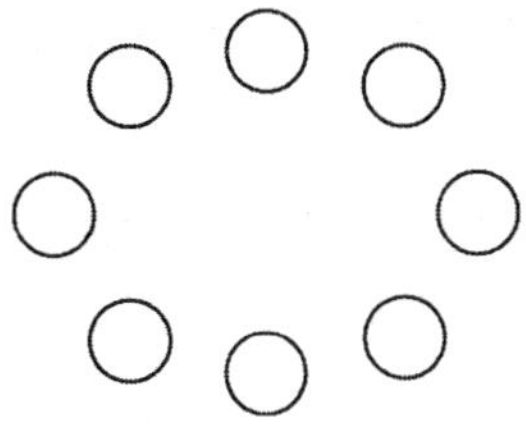

풀이 다음과 같이 나누어 생각한다.

① 연속해서 4개 → 1가지　　② 연속해서 3개 → 3가지

③ 연속해서 2개 → 5가지　　④ 하나하나 → 1가지

그러므로 합의 법칙에 의하여 10가지이다.

정의 6 곱의 법칙

사건 A_1이 일어날 수 있는 경우의 수가 n_1가지이고, 그 하나하나의 경우에 대하여 다른 사건 A_2가 일어날 수 있는 경우의 수가 n_2가지라고 하자. 이때, 사건 A_1과 A_2가 동시에 일어날 수 있는 경우의 수는 $n_1 \times n_2$가지이다.

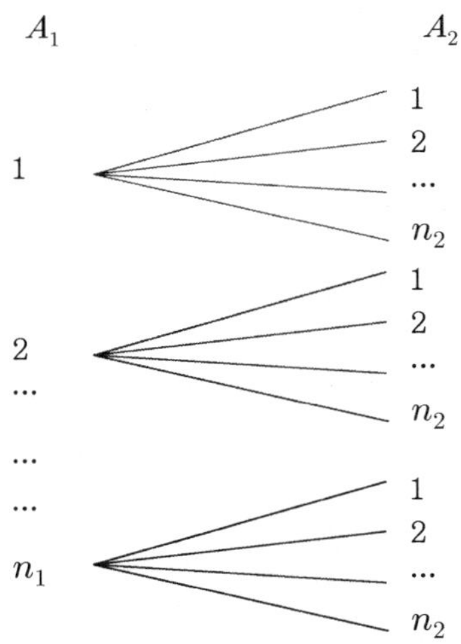

예제 6 어떤 모임의 회원으로 남자 5명, 여자 4명이 있다. 이성간에 짝이 될 수 있는 경우의 수를 구하시오.

풀이 각 남자들에 대하여 여자 짝이 4명 중의 한 명이 될 수 있으므로, 곱의 법칙에 의하여 경우의 수는 $5 \times 4 = 20$가지이다.

위의 곱의 법칙을 여러 사건들에 대하여 다음과 같이 확장할 수 있다. 즉, 사건 $A_1, A_2, \cdots, A_n$의 경우의 수가 $n(A_1)=n_1, n(A_2)=n_2, \cdots, n(A_n)=n_n$이라고 하자. 이때, $A_1, A_2, \cdots, A_n$이 동시에 일어날 수 있는 경우의 수는 $n_1 \times n_2 \times \cdots \times n_n$ 가지이다.

예제 7 어느 화원에 빨간색 꽃이 3종류, 흰색 꽃이 2종류, 노란색 꽃이 4종류가 있다. 서로 다른 색의 꽃을 하나씩 골라서 꽃병에 꽂을 때, 꽂을 수 있는 경우의 수를 구하시오.

풀이 곱의 법칙의 확장에 의하여 꽃병에 꽂을 수 있는 경우의 수는 $3\times2\times4=24$가지이다.

정의 7 순열

서로 다른 n개의 원소에서 r개를 선택하여 나열하는 방법을 n개에서 r개를 택한 순열(permutation)이라 하고, 그 방법의 수를 ${}_nP_r$로 나타낸다. 그리고 ${}_nP_r$은 다음과 같이 계산한다.

$$ {}_nP_r = n(n-1)\cdots(n-r+1) $$

예제 8 1, 2, 3, 4의 네 가지 숫자를 한 번씩만 이용하여 세 자리수를 만들 때, 가능한 경우의 수를 구하시오.

풀이 서로 다른 4개의 숫자에서 3개를 선택하여 세 자리수의 각 자리에 나열하는 문제이므로, 4개에서 3개를 선택하는 순열이다. 따라서 경우의 수는 다음과 같다.

$$ {}_4P_3 = 4\times(4-1)\times(4-2)=24 $$

정의 8 중복 순열

서로 다른 n개의 원소에서 중복을 허락하여 r개를 나열하는 방법을 n개에서 r개를 택한 중복순열이라 하고, 그 방법의 수를 ${}_n\Pi_r$로 나타낸다. 그리고 ${}_n\Pi_r$은 다음과 같이 계산한다.

$$ {}_n\Pi_r = n^r $$

예제 9 1, 2, 3, 4의 네 가지 숫자에 중복을 허락하여 세 자리수를 만들 때, 가능한 경우의 수를 구하시오.

풀이 서로 다른 4개의 숫자에서 3개를 선택하여 세 자리수의 각 자리에 나열하는 문제에서 중복을 허락하였으므로, 4개에서 3개를 선택하는 중복 순열이다. 따라서 경우의 수는 다음과 같다.

$$_{4}\Pi_{3}=4^{3}=64$$

정의 9 조합

서로 다른 n개의 원소에서 순서를 고려하지 않고 r개를 택하기만 하는 방법을 n개에서 r개를 택한 조합(combination)이라 하고, 그 방법의 수를 $_{n}C_{r}$ 또는 $\binom{n}{r}$로 나타낸다. 그리고 $_{n}C_{r}$은 다음과 같이 계산한다.

$$_{n}C_{r}=\binom{n}{r}=\frac{_{n}P_{r}}{r!}=\frac{n!}{r!(n-r)!}$$

예제 10 국어, 영어, 수학, 물리, 생물 중에서 두 과목을 선택하는 경우의 수를 구하시오.

풀이 서로 다른 5개의 과목에서 순서를 고려하지 않고, 두 과목을 택하기만 하는 문제이므로, 5개에서 2개를 선택하는 조합이다. 따라서 경우의 수는 다음과 같다.

$$_{5}C_{2}=\binom{5}{2}=\frac{_{5}P_{2}}{2!}=\frac{5!}{2!(5-2)!}=10$$

정의 10 중복 조합

서로 다른 n개의 원소에서 중복을 허락하여 r개를 선택하는 조합을 n개에서 r개를 택한 중복 조합이라 하고, 그 방법의 수를 $_{n}H_{r}$로 나타낸다. 그리고 $_{n}H_{r}$은 다음과 같이 계산한다.

$$_{n}H_{r}={}_{n+r-1}C_{r}=\binom{n+r-1}{r}$$

예제 11 서로 다른 4개의 원자 종류가 있다 이때, 3개의 원자를 선택하여 분자를 만드는 경우의 수를 구하시오.(단, 결합의 화학적 성질은 무시한다.)

풀이 서로 다른 4개의 원자에서 3개의 원자를 택하기만 하는 문제에서 중복을 허락하였으므로, 4개에서 3개를 선택하는 중복조합이다. 따라서 경우의 수는 다음과 같다.

$$_{4}H_{3}={}_{4+3-1}C_{3}=\binom{4+3-1}{3}=\frac{6!}{3!(6-3)!}=20$$

예제12 $(a+b+c+d)^3$의 전개에 대하여, 다음을 구하시오.

(1) a, b, c, d가 변수라고 할 때, 항의 개수

(2) 서로 다른 세 변수로 이루어진 항의 개수

(3) 서로 다른 세 변수로 이루어진 항의 계수의 합

(4) a, b, c, d가 행렬일 때, 서로 다른 항의 개수

풀이 (1) ${}_4H_3 = {}_{4+3-1}C_3 = \binom{4+3-1}{3} = 20$

(2) ${}_4C_3 = \binom{4}{3} = \frac{4!}{3!} = 4$

(3) ${}_4P_3 = 4 \cdot (4-1) \cdot (4-2) = 24$

(4) ${}_4\Pi_3 = 4^3 = 64$

예제13 $(a+b)^3$을 전개하면, $a^3+3a^2b+3ab^2+b^3$이 된다. a^2b의 계수가 3이 되는 이유를 경우의 수를 이용하여 설명하시오.

풀이 다음의 두 가지 방법으로 생각할 수 있다.

① 편의상 a와 b에 첨자를 붙여서 구분하면 $(a+b)^3$을 다음과 같이 전개할 수 있다.

$$(a_1+b_1)(a_2+b_2)(a_3+b_3)$$
$$=a_1a_2a_3+a_1a_2b_3+a_1b_2a_3+b_1a_2a_3+b_1b_2a_3+b_1a_2b_3+a_1b_2b_3+b_1b_2b_3$$

여기서 a^2b의 항을 이루는 부분은 $a_1a_2b_3$, $a_1b_2a_3$, $b_1a_2a_3$이다. 즉, $\{a_1, a_2, a_3\}$에서 2개를 택한 것이다. 그러므로 $\binom{3}{2}=3$이 된다.

② a와 b를 첨자로 구분하지 않고, 구하는 방법에 대하여 알아보자.

$(a+b)^3=(a+b)(a+b)(a+b)$이므로, 우변의 세 개의 인수 중에서 한 개의 인수에서 b를 택하고, 나머지 두 개의 인수에서 a를 택하여 곱하면 a^2b가 된다. 따라서 a^2b는 세 개의 인수 중에서 한 개의 인수를 택하는 경우의 수가 된다. 즉, a^2b의 계수는 3개에서 1개를 택하는 조합의 수로 $\binom{3}{1}=3$이 된다.

1.4 확률의 정의

이 절에서는 확률의 정의에 대하여 다양한 방향에서 접근해 본다.

정의 11 확률

표본 공간을 Ω 또는 S라 하고, 그 안에서 발생한 사건을 A라고 할 때, 확률(probability)을 다음과 같이 정의한다.

(1) 고전적 확률

상대 빈도를 나타내는 $\dfrac{n(A)}{n(S)}$을 고전적 확률이라 하고, $P(A)$로 표기한다.

(2) 수학적 확률

사건 A의 표본점들을 $[0, 1]$ 사이의 실수에 대응시킨 함수를 확률 함수(probability function) 또는 수학적 확률이라 하고, $P(A)$로 표기한다.

(3) 공리적 확률

다음의 세 가지 조건을 만족하는 함수 $P(.)$를 공리적 확률이라고 한다.

(P_1) 비음성(nonnegative) : $0 \le P(A) \le 1$

(P_2) 완전성(completeness) : $P(S) = 1$

(P_3) 가법성(additivity) : $A \cap B = \phi$ 에 대하여, $P(A \cup B) = P(A) + P(B)$

예제14 네 개의 윷짝을 던지는 확률 실험 대하여, 다음 물음에 답하시오.

(1) 가능한 총 경우의 수를 수형도로 나타내시오.

(2) 도가 나올 확률을 구하시오.

(3) 개가 나올 확률을 구하시오.

(4) 걸이 나올 확률을 구하시오.

(5) 윷이 나올 확률을 구하시오.

(6) 모가 나올 확률을 구하시오.

풀이 (1)

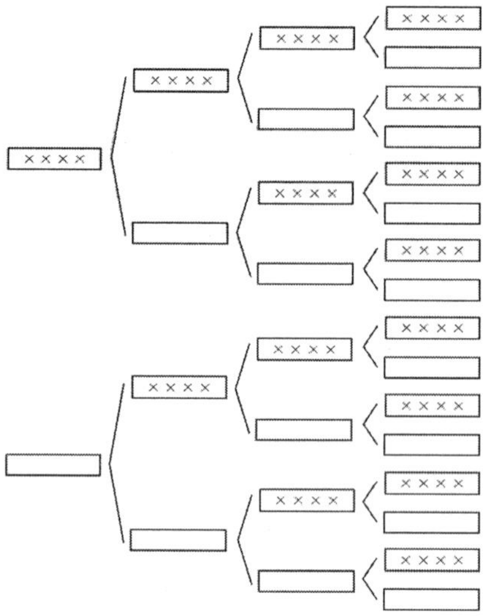

위의 수형도를 이용한 고전적 확률의 정의에 의하여 다음과 같이 계산된다.

(2) $P(\{도\}) = \frac{4}{16} = \frac{3}{8}$ (3) $P(\{개\}) = \frac{6}{16} = \frac{3}{8}$

(4) $P(\{걸\}) = \frac{4}{16} = \frac{2}{8}$ (5) $P(\{윷\}) = \frac{1}{16}$

(6) $P(\{모\}) = \frac{1}{16}$

예제15 A, B, C, D의 네 사람 중에서 세 사람을 뽑아서 한 줄로 세우는 확률 실험에서 C가 가운데에 위치할 확률을 구하시오.

풀이 네 사람 중에서 세 사람을 뽑는 전체 경우의 수는 ${}_4P_3$이고, 그 중 X를 C가 가운데에 위치할 사건이라고 할 때, 사건 X의 결과는 다음과 같다.

$$X = \{ACB, BCA, ACD, DCA, BCD, DCB\}$$

따라서 확률은 $P(X) = \frac{6}{{}_4P_3} = \frac{1}{4}$이다.

예제16 키의 크기가 모두 다른 4명이 무심코 일렬로 설 때, 우연히 키 순서대로 서게 될 확률을 구하시오.

풀이 네 명을 일렬로 세우는 전체 경우의 수는 ${}_4P_4 = 4!$가지이고, 그 중 X를 4명이 키 순서대로 서는 사건이라고 할 때, 작은 순서대로 서거나 큰 순서대로 설 수 있으므로, $n(X) = 2$이다. 따라서 확률은 $P(X) = \frac{2}{4!} = \frac{1}{12}$이다.

예제 17 한 주머니 안에 검은 공 4개와 흰 공 4개가 들어있다. 여기서 2개의 공을 꺼낸다고 할 때, 2개가 모두 검은 공일 확률을 다음의 조건하에서 구하시오.

(1) 동시 추출 (즉, 한꺼번에 2개의 공을 꺼내는 경우)

(2) 복원 추출 (즉, 1개의 공을 꺼내서 확인한 후 다시 집어넣은 뒤 1개의 공을 더 꺼내는 경우)

(3) 비복원 추출 (즉, 1개의 공을 꺼낸 뒤 다시 집어넣지 않고 1개의 공을 더 꺼내는 경우)

풀이 (1) $\frac{{}_4C_2}{{}_8C_2}=\frac{\binom{4}{2}}{\binom{8}{2}}=\frac{3}{14}$ (2) $\frac{{}_4\Pi_2}{{}_8\Pi_2}=\frac{1}{4}$ (3) $\frac{{}_4P_2}{{}_8P_2}=\frac{3}{14}$

정리 1 확률의 기본 성질

(1) $P(\phi)=0$

(2) $P(A^c)=1-P(A)$

(3) $P(B-A)=P(B)-P(A\cap B)$

증명

(1) 표본 공간 S와 공사건 ϕ의 관계를 이용한다.
$\phi\cup S=S$ 이므로, $P(\phi\cup S)=P(S)$ 이고, $\phi\cap S=\phi$ 이므로,
가법성에 의하여 $P(\phi\cup S)=P(\phi)+P(S)$ 이 된다.
따라서 $P(\phi)+P(S)=P(S)$ 이 되므로, $P(\phi)=0$ 이다.

(2) 표본 공간 S와 사건 A와 여사건 A^c의 관계를 이용한다.
$A\cup A^c=S$ 이므로, $P(A\cup A^c)=P(S)=1$이고, $A\cap A^c=\phi$ 이므로,
가법성에 의하여 $P(A\cup A^c)=P(A)+P(A^c)$이 된다. 따라서
$P(A\cup A^c)=P(A)+P(A^c)=1$이 되므로, $P(A^c)=1-P(A)$이다.

(3) 두 사건 A와 B의 관계를 이용한다.
$B=(A\cap B)\cup(A^c\cap B)$이므로, $P((A\cap B)\cup(A^c\cap B))=P(B)$이고,
$(A\cap B)\cap(A^c\cap B)=\phi$ 이므로, 가법성에 의하여
$P((A\cap B)\cup(A^c\cap B))=P(A\cap B)+P(A^c\cap B)$이 된다.
따라서 $P(B)=P(A\cap B)+P(A^c\cap B)$이 된다.
그러므로 $P(B-A)=P(B)-P(A\cap B)$이다.

정리 2 확률의 덧셈 정리

두 사건 A와 B에 대하여 다음이 만족한다.

$$P(A\cup B)=P(A)+P(B)-P(A\cap B)$$

증 명

경우의 수의 합의 법칙에 의하여 각 사건의 경우의 수에 대한 결과는 다음과 같다.

$$n(A\cup B)=n(A)+n(B)-n(A\cap B)$$

이때, $n(S)\neq 0$이므로, 양변을 $n(S)$으로 나눌 수 있고, 위의 식은 다음과 같이 변형된다.

$$\frac{n(A\cup B)}{n(S)}=\frac{n(A)}{n(S)}+\frac{n(B)}{n(S)}-\frac{n(A\cap B)}{n(S)}$$

그러므로 고전적 확률의 정의에 의하여

$$P(A\cup B)=P(A)+P(B)-P(A\cap B)$$

이 만족된다.

앞의 정리에서 특히, A와 B가 상호 배반 사건이면, $A\cap B=\phi$ 이 된다. 이때, $P(A\cap B)=0$이므로, $P(A\cup B)=P(A)+P(B)$으로 간소화된다.

예제18 수족관에 20마리의 구피와 34마리의 테라스가 있다. 구피 중에서 12마리는 암컷이고, 8마리는 수컷이다. 그리고, 테라스 중에서 14마리가 암컷이고, 20마리가 수컷이다. 이 수족관에서 한 마리를 임의로 잡았을 때, 그것이 테라스 또는 암컷일 확률을 구하시오.

풀이 잡힌 수족관의 열대어가 테라스일 사건을 A로, 암컷일 사건을 B로 정의할 때, 각 사건에 대하여 다음의 확률이 구해진다.

$$P(A)=\frac{34}{54},\ P(B)=\frac{26}{54},\ P(A\cap B)=\frac{14}{54}$$

따라서 확률의 덧셈 정리를 이용하여 확률을 구하면 다음과 같다.

$$\begin{aligned}P(A\cup B)&=P(A)+P(B)-P(A\cap B)\\&=\frac{34}{54}+\frac{26}{54}-\frac{14}{54}=\frac{23}{27}\end{aligned}$$

예제19 어느 마을에 고추를 재배하는 농가는 전체의 $\frac{2}{5}$이고, 인삼을 재배하는 농가는 전체의 $\frac{3}{4}$이며, 고추와 인삼을 모두 재배하는 농가는 전체의 $\frac{3}{10}$이었다. 이 마을에서 한 농가를 임의로 선택할 때, 이 농가가 고추 또는 인삼을 재배하는 농가일 확률을 구하시오.

풀이 선택된 농가가 고추를 재배하는 농가일 사건을 A로, 인삼을 재배하는 농가일 사건을 B로 정의할 때, 각 사건에 대하여 다음의 확률이 구해진다.

$$P(A)=\frac{2}{5},\ P(B)=\frac{3}{4},\ P(A\cap B)=\frac{3}{10}$$

따라서 확률의 덧셈 정리를 이용하여 확률을 구하면 다음과 같다.

$$\begin{aligned} P(A\cup B) &= P(A)+P(B)-P(A\cap B) \\ &= \frac{2}{5}+\frac{3}{4}-\frac{3}{10}=\frac{17}{20} \end{aligned}$$

1.5 조건부 확률

어떤 실험이 실행되었을 때, 사건이 일어날 가능성의 정도 즉, 확률을 쉽게 결정하기 위해서 확률 모형을 만든다. 제4절에서는 두 사건 A와 B의 합의 사건에 대한 확률 모형인 확률의 덧셈 정리를 살펴보았다. 여러 가지 확률 모형 중에서 이 절에서는 사건 A에 대응되는 확률이 다른 사건 B의 발생 여부에 따라 영향을 받게 되는 경우의 확률 모형에 대하여 알아본다.

정의 12 조건부 확률

$P(B)\neq 0$인 사건 B가 주어졌을 때, 사건 A의 조건부 확률(conditional probability)을 다음과 같이 정의한다.

$$P(A\mid B)=\frac{P(A\cap B)}{P(B)}$$

정리 3 조건부 확률의 성질

(1) $0\leq P(A\mid B)\leq 1$

(2) $P(S|B)=1$

(3) n개의 사건 $A_1, A_2, \cdots, A_n$이 상호 배반사건이면,

$$P\left(\bigcup_{i=1}^{n} A_i \mid B\right)=\sum_{i=1}^{n} P(A_i \mid B)$$

이다.

증 명

(1) $0 \le P(A \cap B) \subset P(B) \le 1$이므로,

$$0 \le P(A \mid B)=\frac{P(A \cap B)}{P(B)} \le 1\text{이다.}$$

(2) 조건부 확률의 정의에 의하여 다음과 같이 전개된다.

$$P(S \mid B)=\frac{P(S \cap B)}{P(B)}=\frac{P(B)}{P(B)}=1$$

(3) 조건부 확률의 정의에 의하여 다음과 같이 전개된다.

$$P\left(\bigcup_{i=1}^{n} A_i \mid B\right)=\frac{P\left(\left(\bigcup_{i=1}^{n} A_i\right) \cap B\right)}{P(B)}=\frac{P\left(\bigcup_{i=1}^{n}(A_i \cap B)\right)}{P(B)}$$

사건 $A_1, A_2, \cdots, A_n$이 상호 배반사건이므로, $(A_1 \cap B), (A_2 \cap B), \cdots, (A_n \cap B)$ 또한 상호 배반사건이 된다. 따라서 합의 법칙에 의하여 위의 조건부 확률은 다음과 같이 정리된다.

$$P\left(\bigcup_{i=1}^{n} A_i \mid B\right)=\frac{P\left(\bigcup_{i=1}^{n}(A_i \cap B)\right)}{P(B)}=\frac{\sum_{i=1}^{n} P(A_i \cap B)}{P(B)}$$

$$=\sum_{i=1}^{n} \frac{P(A_i \cap B)}{P(B)}=\sum_{i=1}^{n} P(A_i \mid B)$$

정리 4 확률의 곱셈 정리

두 사건 A와 B에 대하여 $P(A)>0$이고, $P(B)>0$일 때, 다음이 만족한다.

$$P(A \cap B)=P(A \mid B) \cdot P(B) \text{ 또는 } P(A \cap B)=P(B \mid A) \cdot P(A)$$

증 명

확률의 곱셈 정리는 조건부 확률의 정의로부터 쉽게 증명된다.

$P(A|B)=\dfrac{P(A\cap B)}{P(B)}$ 이므로, $P(A\cap B)=P(A|B)\cdot P(B)$ 이 된다.

또는 $P(B|A)=\dfrac{P(A\cap B)}{P(A)}$ 이므로, $P(A\cap B)=P(B|A)\cdot P(A)$ 이 된다.

정의 13 분할

n개의 사건 $A_1, A_2, \cdots, A_n$이 다음 조건을 만족할 때, $\{A_1, A_2, \cdots, A_n\}$을 표본 공간 S의 분할(partition)이라고 한다.

(1) 한 개의 표본점이 적어도 한 개의 사건 A_i에 속한다.

(2) $A_i\cap A_j=\phi,\ i\neq j$

(3) $\bigcup_{i=1}^{n} A_i=S$

정리 5 전확률 법칙

n 개의 사건 $B_1, B_2, \cdots, B_n$이 표본 공간 S의 분할일 때, 임의의 사건 A에 대하여 만족하는 다음의 식을 전확률 법칙(total probability rule)이라고 한다.

$$P(A)=\sum_{i=1}^{n}P(A|B_i)\cdot P(B_i)$$

증 명

사건 A는 표본 공간 S에서 발생한 사건이므로, 다음과 같이 분해할 수 있다.

$$A=(A\cap B_1)\cup(A\cap B_2)\cup\cdots\cup(A\cap B_n)$$

그리고, n개의 사건 $B_1, B_2, \cdots, B_n$이 표본 공간 S의 분할이므로, n쌍의 사건 $(A\cap B_1), (A\cap B_2), \cdots, (A\cap B_n)$은 상호 배반사건이다. 그러므로 위의 사건에 대한 확률은 다음과 같이 전개된다.

$$\begin{aligned}P(A)&=P((A\cap B_1)\cup(A\cap B_2)\cup\cdots\cup(A\cap B_n))\\&=P(A\cap B_1)+P(A\cap B_2)+\cdots+P(A\cap B_n)\end{aligned}$$

이것은 확률의 곱셈 정리에 의하여 다음과 같이 정리된다.

$$P(A)=P(A\mid B_1)\cdot P(B_1)+P(A\mid B_2)\cdot P(B_2)+\cdots+P(A\mid B_n)\cdot P(B_n)$$

$$=\sum_{i=1}^{n}P(A\mid B_i)\cdot P(B_i)$$

예제20 A와 B 2개의 주머니가 있다. A의 주머니에는 흰 공 2개와 검은 공 5개가 들어 있고, B의 주머니에는 흰 공 5개와 검은 공 6개가 들어 있다. 동전을 1개 던져서 앞면이 나오면 주머니 A를 택하고, 뒷면이 나오면 주머니 B를 택하는 실험에서 공을 1개 꺼낸다고 할 때, 흰 공이 뽑힐 확률을 구하시오.

풀이 이 실험에서 흰 공이 뽑히는 사건을 W라 하고, 동전의 앞면이 나오는 사건을 H라고 하면, 흰 공을 뽑을 사건은 동전의 앞면이 나온 경우에 흰 공을 뽑은 사건과 동전의 뒷면이 나온 경우에 흰 공을 뽑은 사건으로 나누어볼 수 있다. 그러므로 전확률 법칙에 의하여 다음과 같이 전개된다.

$$P(W)=P(H\cap W)+P(H^c\cap W)$$

$$=P(W\mid H)\cdot P(H)+P(W\mid H^c)\cdot P(H^c)$$

$$=\frac{2}{7}\cdot\frac{1}{2}+\frac{5}{11}\cdot\frac{1}{2}=\frac{57}{154}$$

예제 21 A, B, C 3대의 기계는 어떤 공장에서 생산하는 모든 생산품의 50%, 30%, 20%를 각각 차지한다. 이 기계들의 생산과정에서의 불량률은 각각 3%, 4%, 5%이다. 임의로 한 생산품을 선택할 때, 이 생산품이 불량품일 확률을 구하시오.

풀이 이 실험에서 각 A, B, C의 기계에서 생산품이 선택되는 사건을 A, B, C라 하고, 불량품이 선택되는 사건을 X라고 하면, 불량품이 뽑힐 사건은 기계 A에서 선택된 불량품일 경우이거나 기계 B에서 선택된 불량품일 경우이거나 기계 C에서 선택된 불량품일 경우로 나누어볼 수 있다. 그러므로 전확률 법칙에 의하여 다음과 같이 전개된다.

$$P(X)=P(A\cap X)+P(B\cap X)+P(C\cap X)$$

$$=P(X\mid A)\cdot P(A)+P(X\mid B)\cdot P(B)+P(X\mid C)\cdot P(C)$$

$$=0.03\cdot 0.5+0.04\cdot 0.3+0.05\cdot 0.2$$

$$=0.037$$

정리 6 베이즈의 정리

n개의 사건 $B_1, B_2, \cdots, B_n$이 표본 공간 S의 분할일 때, 임의의 사건 A에 대하여 만족하는 다음의 식을 베이즈의 정리(Baye's theorem)라고 한다.

$$P(B_j \mid A) = \frac{P(A \mid B_j) \cdot P(B_j)}{\sum_{j=1}^{n} P(A \mid B_j) \cdot P(B_j)}$$

증명

베이즈의 정리는 확률의 곱셈 정리와 전확률 법칙으로부터 쉽게 증명된다.

$$P(B_j \mid A) = \frac{P(A \cap B_j)}{P(A)} = \frac{P(A \mid B_j) \cdot P(B_j)}{\sum_{j=1}^{n} P(A \mid B_j) \cdot P(B_j)}$$

예제22 A와 B 2개의 주머니가 있다. A의 주머니에는 흰 공 2개와 검은 공 5개가 들어있고, B의 주머니에는 흰 공 5개와 검은 공 6개가 들어있다. 동전을 1개 던져서 앞면이 나오면 주머니 A를 택하고, 뒷면이 나오면 주머니 B를 택하는 실험에서 공을 한개 꺼낸다고 할 때, 흰 공이 뽑힌 경우에 동전의 앞면이 나오는 조건부 확률을 구하시오.

풀이 이 실험에서 흰 공이 뽑히는 사건을 W라 하고, 동전의 앞면이 나오는 사건을 H라 고 하자. 그리고 예제 20에서 흰 공이 뽑힐 확률이 $P(W) = \frac{57}{154}$임을 알았다. 그러므로 베이즈의 정리에 의하여 다음과 같이 전개된다.

$$P(H \mid W) = \frac{P(H \cap W)}{P(W)} = \frac{P(W \mid H) \cdot P(H)}{P(W)}$$

$$= \frac{\frac{2}{7} \cdot \frac{1}{2}}{\frac{57}{154}} = \frac{22}{57}$$

예제23 A, B, C 3대의 기계는 어떤 공장에서 생산하는 모든 생산품의 50%, 30%, 20%를 각각 생산한다. 이 기계들의 생산과정에서의 불량률은 각각 3%, 4%, 5%이다. 임의로 한 생산품을 선택할 때, 이 생산품이 불량품인 경우 기계 B에서 생산되었을 확률을 구하시오.

풀이 이 실험에서 각 A, B, C의 기계에서 생산품이 선택되는 사건을 A, B, C라 하고, 불량품이 선택되는 사건을 X라고 하자. 그리고 예제 21에서 불량품이 선택될 확률이 $P(X)=0.037$임을 알았다. 그러므로 베이즈의 정리에 의하여 다음과 같이 전개된다.

$$P(B|X)=\frac{P(B\cap X)}{P(X)}=\frac{P(X|B)\cdot P(B)}{P(X)}$$

$$=\frac{0.04\cdot 0.3}{0.037}\fallingdotseq 0.324$$

1.6 독립 사건

두 사건의 관계에 있어서 한 사건의 결과가 다른 사건에 영향을 미치는 경우를 조건부 확률로 살펴보았다. 이와 반대로 한 사건의 결과에 다른 사건이 영향을 받지 않는 경우를 생각할 수 있는데, 이러한 상황의 두 사건을 독립 사건이라고 한다.

정의 14 독립 사건

두 사건 A와 B가 다음 조건을 만족할 때, A와 B를 독립 사건(independent event)이라고 한다.

$$P(A\cap B)=P(A)\cdot P(B)$$

정리 7 독립 사건의 성질

(1) $P(A)=0$ 또는 $P(B)=0$일 때, 두 사건 A와 B는 독립 사건이다.

(2) $P(A)>0$이고, $P(B)>0$이며, A와 B가 상호 배반사건일 때, 두 사건 A와 B는 독립 사건이 아니다.

(3) 두 사건 A와 B가 독립 사건이면,

$$P(A|B)=P(A) \text{ 또는 } P(B|A)=P(B)$$

이다.

증 명

(1) $P(A)=0$ 또는 $P(B)=0$이면, $A=\phi$ 또는 $B=\phi$이므로, $A\cap B=\phi$이다. 따라서 $P(A\cap B)=0$이고, $P(A)\cdot P(B)=0$이므로, A와 B는 독립 사건이다.

(2) $P(A)>0$이고, $P(B)>0$이므로, $P(A)\cdot P(B)>0$인 반면에, A와 B가 상호 배반사건이므로, $A\cap B=\phi$가 되어 $P(A\cap B)=0$이 된다. 따라서 $P(A\cap B)\neq P(A)\cdot P(B)$이므로, A와 B는 독립 사건이 아니다.

(3) A와 B가 독립 사건이므로, $P(A\cap B)=P(A)\cdot P(B)$이다. 따라서 조건부 확률은 다음과 같이 정리된다.

$$P(A\mid B)=\frac{P(A\cap B)}{P(B)}=\frac{P(A)\cdot P(B)}{P(B)}=P(A)$$

$$\text{또는 } P(B\mid A)=\frac{P(A\cap B)}{P(A)}=\frac{P(A)\cdot P(B)}{P(A)}=P(B)$$

정리 8

두 사건 A와 B가 독립 사건이면, 다음 사건들도 독립 사건이다.

(1) A와 B^c　　(2) A^c와 B　　(3) A^c와 B^c

증명

두 사건 A와 B가 독립 사건이므로, $P(A\cap B)=P(A)\cdot P(B)$임을 이용한다.

(1) $$\begin{aligned}P(A\cap B^c)&=P(A)-P(A\cap B)\\&=P(A)-P(A)\cdot P(B)\\&=P(A)\cdot(1-P(B))\\&=P(A)\cdot P(B^c)\end{aligned}$$
이므로, 두 사건 A와 B^c는 독립이다.

(2) $$\begin{aligned}P(A^c\cap B)&=P(B)-P(A\cap B)\\&=P(B)-P(A)\cdot P(B)\\&=P(B)\cdot(1-P(A))\\&=P(A^c)\cdot P(B)\end{aligned}$$
이므로, 두 사건 A^c와 B는 독립이다.

(3) $$\begin{aligned}P(A^c\cap B^c)&=P((A\cup B)^c)\\&=1-P(A\cup B)\\&=1-(P(A)+P(B)-P(A\cap B))\\&=(1-P(A))\cdot(1-P(B))\\&=P(A^c)\cdot P(B^c)\end{aligned}$$
이므로, 두 사건 A^c와 B^c는 독립이다.

예제24 다음의 회로가 작동할 확률을 구하시오.(단, 각 스위치는 독립적으로 작동하고, 각 스위치가 연결되지 않을 확률은 0.1로 동일하다.)

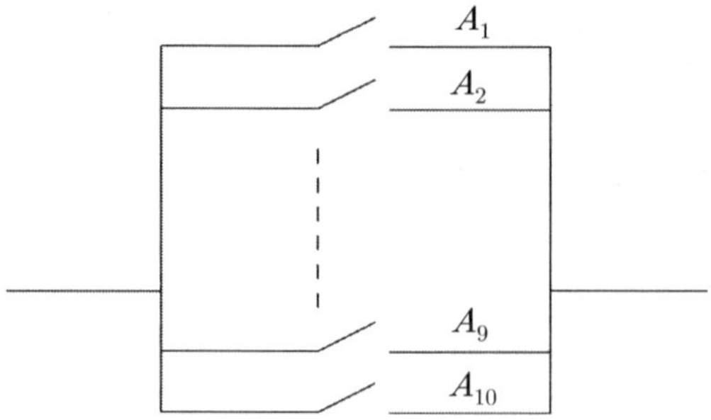

풀이 각 스위치가 연결될 사건을 A_i, $i=1,2,\cdots,10$이라고 하면, 각 스위치가 연결되지 않을 확률은 $P(A_i^c)=0.1$, $i=1,2,\cdots,10$이다. 회로가 병렬 연결되어 있으므로, 적어도 하나의 스위치가 연결되면 회로는 작동하게 된다. 따라서 독립 사건의 성질에 의하여 다음과 같이 전개된다.

$$\begin{aligned}
P\left(\bigcup_{i=1}^{10} A_i\right) &= 1-P\left(\left(\bigcup_{i=1}^{10} A_i\right)^c\right) \\
&= 1-P\left(\bigcap_{i=1}^{10} A_i^c\right) \\
&= 1-P(A_1^c)\cdot P(A_2^c)\cdots P(A_{10}^c) \\
&= 1-(0.1)^{10} \\
&= 0.999\cdots
\end{aligned}$$

연습문제

1. 1000원짜리 3장, 500원짜리 2개, 100원짜리 4개가 있다. 다음을 구하시오.

(1) 돈을 지불하는 방법의 수
(2) 금액으로 지불하는 방법의 수

2. 5층 빌딩에서 5명이 엘리베이터 2층부터 내릴 수 있다. 다음을 구하시오.

(1) 내리는 사람 수의 방법의 수
(2) 내리는 방법의 수

3. 1, 2, 3, 4, 5의 숫자를 모두 배열하여 만든 정수 중에서 34000보다 큰 수의 경우의 수를 구하시오.

4. 선생님이 6명의 학생 중에서 한명 또는 그 이상의 학생을 택할 수 있는 경우의 수를 구하시오.

5. 6명의 승객이 서로 다른 A, B, C 자동차 세 대에 각각 2명씩 나누어 탈 수 있는 방법의 수를 구하시오.

6. 한 개의 주사위를 던질 때, 짝수의 눈이 나오는 사건의 여사건을 구하시오.

7. 내용이 다른 편지 1, 2, 3이 있다. 세 개의 편지 봉투에 각각 1, 2, 3의 번호를 적고, 각각의 편지를 서로 다른 봉투에 놓을 때, 각 번호의 편지가 다른 번호의 봉투에 들어가는 경우의 수를 구하시오.

8. a, a, a, b, b를 일렬로 나열하는 방법의 개수를 수형도로 나타내시오.

9. 서로 다른 두 개의 주사위를 동시에 던질 때, 나온 두 눈이 모두 소수가 되는 경우의 수를 구하시오.

10. 2개의 주사위를 동시에 던지는 시행에서 다음 사건의 경우의 수를 구하시오.

(1) 나온 두 눈의 차가 3이 되는 사건
(2) 나온 두 눈의 곱이 완전제곱의 수가 되는 사건

11. 빨간 공이 10개 들어 있는 주머니에서 한 개의 공을 꺼낼 때, 꺼낸 공이 빨간색일 확률과 흰색일 확률을 각각 구하시오.

12. 흰 돌 53개, 검은 돌 5개가 섞여 있는 바둑통에서 임의로 한 개의 돌을 꺼낼 때, 다음의 확률을 구하시오.

(1) 흰 돌이 나올 확률
(2) 흰 돌 또는 검은 돌이 나올 확률
(3) 빨간 돌이 나올 확률

13. 세 명이 가위 바위 보를 할 때, 다음의 확률을 구하시오.

(1) 세 명이 모두 똑같이 낼 확률
(2) 세 명이 각각 다르게 낼 확률

14. 유치원에 다니는 10명의 유치원생들의 부모의 나이를 조사한 결과가 다음과 같았다.

(30, 29), (30, 27), (31, 32), (36, 31), (28, 28),
(27, 25), (29, 28), (35, 34), (33, 29), (38, 30)

이 유치원에서 한 명의 유치원생을 임의로 선택할 때, 부모의 나이의 차이가 다섯 살 이상일 확률을 구하시오.

15. 종합 강정 세트 한 봉지에는 쌀강정이 10개, 보리강정이 5개, 깨강정이 5개 들어 있다. 이 중에서 임의로 3개를 한꺼번에 꺼낼 때, 다음의 확률을 구하시오.

(1) 모두 쌀강정일 확률
(2) 2개는 보리강정, 1개는 깨강정일 확률

16. 1에서 9까지의 숫자가 각각 적힌 9장의 카드 중에서 임의로 2장을 뽑아 그 숫자를 a, b(단, $a<b$)라고 할 때, $\frac{b}{a}$가 정수일 확률을 구하시오.

17. TV, 냉장고, 오디오의 3개의 제품에 가격표를 붙이려고 한다. 가격표는 24만 원, 32만 원, 35만 원의 3가지가 있다. 가격표를 임의로 골라 붙일 때, 3개의 제품에 모두 알맞은 가격표를 붙일 확률을 구하시오.

18. A, B, C 세 팀이 리그전으로 축구 시합을 하려고 한다. A가 B를 이길 확률은 $\frac{2}{3}$, A가 C를 이길 확률은 $\frac{1}{5}$, B가 C를 이길 확률은 $\frac{3}{4}$이라고 할 때, 다음의 확률을 구하시오.(단, 무승부는 없다.)

(1) A팀이 2승 할 확률
(2) B팀이 2승 할 확률
(3) A팀이 1승 1패 할 확률
(4) B팀이 1승 1패 할 확률
(5) C팀이 1승 1패 할 확률

19. 5개의 숫자 1, 2, 3, 4, 5를 한 번씩만 사용하여 다섯 자리 정수를 만들 때, 다음의 확률을 구하시오.

(1) 2로 나누어떨어질 확률
(2) 5로 나누어떨어질 확률

20. 검은 공 5개, 흰 공 n개($n \geq 2$)가 들어 있는 주머니에서 3개의 공을 꺼낼 때, 다음을 구하시오.

(1) 일어날 수 있는 모든 경우의 수를 n의 식으로 나타내시오.

(2) 검은 공 1개, 흰 공 2개가 나올 확률을 P_n이라 할 때, P_n을 n의 식으로 나타내시오.

(3) $\lim_{n\to\infty} P_n$을 구하시오.

21. 어떤 기계가 25개의 부품으로 구성되어 있다. 각 부품의 수명은 5년 안에 고장 나지 않을 확률이 각각 0.998로 동일하다고 한다. 이때, 이 기계가 적어도 5년 동안 고장 나지 않을 최소 확률을 구하시오.

22. 두 개의 주사위를 던져 눈의 합이 6이 나올 때, 그 중 적어도 한 번은 눈 2가 나올 확률을 구하시오.

23. 동전 세 개를 던지는 실험에서 적어도 한 개가 앞면이 나왔다고 할 때, 두 개 이상 앞면이 나올 확률을 구하시오.

24. 어느 대학에서 40%가 여성이고, 그 중 10%가 A의 혈액형을 가졌다고 한다. 임의로 한사람을 선발할 때, A형을 가진 여성일 확률을 구하시오.

25. 어느 학과의 남성과 여성의 비율은 각각 50%씩이며, 남성의 5%와 여성의 1%가 각각 색맹이라고 한다. 임의로 선발된 한 사람이 색맹이라고 할 때, 그가 남성일 확률을 구하시오.

26. 한 상자에 25개 제품이 들어있고, 그 중에 6개가 불량품이라고 한다. 3개를 계속하여 추출할 때, 선택된 세 개 모두 불량품일 확률을 구하시오.

27. 한 보험회사에서는 사람들의 성향을 두 가지 부류로 나눈다고 한다. 사고를 잘 일으키는 성향을 가진 사람들과 그렇지 않은 성향을 가진 사람들로 나누는데, 각 부류의 사람들이 보험가입 후 1년 안에 사고를 일으키는 확률은 0.4와 0.2라고 알려져 있다. 그리고, 인구의 30%는 사고를 잘 일으키는 성향을 가진 부류라고 가정하자. 이 회사에서 새로운 보험 상품을 개발하여 판매할 때, 가입자 중 한 사람이 1년 안에 사고를 일으킬 확률을 구하시오.

28. 위 문제의 조건에서 새로운 보험 가입자가 1년 안에 사고를 일으켰을 때, 그 사람이 사고를 일으키는 성향을 가진 부류의 사람일 확률을 구하시오.

29. 어떤 지갑에 지폐 한 장이 들어 있다. 이 지폐는 오천 원짜리일 수도 있고 만 원짜리일 수도 있다. 이 지갑에 오천 원짜리 한 장을 더 넣은 다음 임의로 한 장의 지폐를 꺼냈더니 오천 원짜리 지폐가 나왔다고 한다. 이때, 나머지 한 장의 지폐가 오천 원짜리 지폐일 확률을 구하시오.

30. 친구 5명이 여행을 가기 위하여 기차표를 예매하였다. 좌석번호는 같은 칸 41, 42, 43, 46, 47이었는데 기차의 좌석은 아래와 같았다.

좌석

50	49	48
41	42	43

좌석

47	46
44	45

5장의 기차표를 친구 5명이 임의로 나누어 가졌을 때, A, B 두 사람이 서로 옆 자리에 앉게 될 확률을 구하시오.

CHAPTER 2

확률변수와 확률분포

2.1 서론

제1장에는 여러 가지 확률 실험의 결과들이 "표본점의 형태로 어떻게 나타나는가?" 또는 "표본점의 개수가 몇 개인가?"에 대한 관심들로 그 문제들에 관련된 확률에 대하여 정리하였다. 그런데, 여러 가지 확률 실험의 결과인 표본 공간의 표본점들은 숫자로 표현되는 경우가 있지만, 동전던지기의 실험에서와 같이 앞면, 뒷면과 같은 문자로 표현되는 경우도 있다. 이처럼 표본 공간은 반드시 수의 집합으로 이루어지지는 않는다. 그래서 어떤 경우든지 확률 실험의 결과를 정리하는데 있어 수학적인 도구를 이용하기 위해서는 수로 표현하는 것이 편리하다. 이러한 필요성에 의해서 표본 공간에서 실수의 집합으로 대응되는 함수를 정의하게 되는데, 이러한 함수를 확률변수라고 한다.

정의 1 확률변수

확률 실험의 결과인 표본 공간의 각 원소에 오직 하나의 실수를 대응시키는 함수 X를 확률변수(random variable)라고 한다. 즉, 확률변수는 정의역이 표본 공간 Ω 또는 S이고, 공역이 실수 집합 R인 함수로 다음과 같이 나타낸다.

$$X(e_i) : \Omega\,(\text{또는 } S) \rightarrow \mathrm{R}$$

2.2 이산 확률변수

정의 2 이산 확률변수

확률변수의 치역이 실수들로 구성된 이산 집합인 경우로 확률변수가 취하는 값들이 나열 가능한 경우이다. 즉, 대응된 함수 값의 개수를 셀 수 있는 확률변수를 이산 확률변수(discrete random variable)라고 한다.

예제 1 한 개의 주사위를 던지는 확률 실험에서 나온 눈의 수를 확률변수 X라고 하자. 확률변수 X를 설명하시오.

풀이 이 실험에 대한 표본 공간은 $S=\{1, 2, 3, 4, 5, 6\}$이다. 따라서 확률변수 X에 의하여 대응되는 결과는 다음과 같다.

$$X(1)=1,\ X(2)=2,\ X(3)=3,\ X(4)=4,\ X(5)=5,\ X(6)=6$$

이때, $X(e_i)=x$는 $X=x$만 쓰는 것이 보통의 표기 방법이므로, 다음과 같이 쓸 수 있다.

$$X=1,\ X=2,\ X=3,\ X=4,\ X=5,\ X=6$$

따라서 확률변수 X에 대응된 치역의 원소의 개수가 6개인 경우이므로, 위의 확률변수 X는 이산 확률변수이다.

예제 2 두 개의 동전을 던지는 확률 실험에서 앞면이 나온 개수를 확률변수 X라고 하자. 확률변수 X를 설명하시오.

풀이 이 실험에 대한 표본 공간은

$$S=\{(\text{앞면, 앞면}), (\text{앞면, 뒷면}), (\text{뒷면, 앞면}), (\text{뒷면, 뒷면})\}$$

이다. 따라서 확률변수 X에 의하여 대응된 결과는 다음과 같다. $X((\text{앞면, 앞면}))=2$, $X((\text{앞면, 뒷면}))=X((\text{뒷면, 앞면}))=1$, $X((\text{뒷면, 뒷면}))=0$. 그러므로 확률변수 X는 $X=0$, $X=1$, $X=2$이 되어 확률변수 X에 대응된 치역의 원소의 개수가 3개인 경우이므로, 위의 확률변수 X는 이산 확률변수이다.

예제 3 두 개의 주사위를 던지는 확률 실험에서 두 눈의 합을 확률변수 X라고 하자. 확률변수 X를 설명하시오.

풀이 이 실험에 대한 표본 공간은

$$S=\{(1, 1), (1, 2), (1, 3), \cdots, (6, 6)\}$$

이므로, 확률변수 X의 대응의 결과는 다음과 같다.

주사위 눈	(1, 1)	(1, 2)	(1, 3)	(1, 4)	(1, 5)	(1, 6)
합	2	3	4	5	6	7
주사위 눈	(2, 1)	(2, 2)	(2, 3)	(2, 4)	(2, 5)	(2, 6)
합	3	4	5	6	7	8
주사위 눈	(3, 1)	(3, 2)	(3, 3)	(3, 4)	(3, 5)	(3, 6)

합	4	5	6	7	8	9
주사위 눈	(4, 1)	(4, 2)	(4, 3)	(4, 4)	(4, 5)	(4, 6)
합	5	6	7	8	9	10
주사위 눈	(5, 1)	(5, 2)	(5, 3)	(5, 4)	(5, 5)	(5, 6)
합	6	7	8	9	10	11
주사위 눈	(6, 1)	(6, 2)	(6, 3)	(6, 4)	(6, 5)	(6, 6)
합	7	8	9	10	11	12

따라서 확률변수 X는 $X=2$, $X=3$, $X=4$, $\cdots$, $X=12$이 되어 확률변수 X에 대응된 치역의 원소의 개수가 11개인 경우이므로, 확률변수 X는 이산 확률변수이다.

2.3 연속 확률변수

정의 3 연속 확률변수

확률변수의 치역이 실수의 구간으로 나타나는 경우로 대응된 함수값의 개수를 셀 수 없는 확률변수를 연속 확률변수(continuous random variable)라고 한다.

이산 확률변수는 확률변수가 취하는 값이 나열 가능하지만, 연속 확률변수는 확률변수가 취하는 값이 나열 가능하지 않다. 즉, 어떤 특정 구간 안에 있는 모든 실수를 취하는 경우를 연속 확률변수라고 한다.

예제 4 임의의 확률 실험에 대한 표본 공간이 $S=\{e \mid -10 \leq e \leq 10\}$라고 하자. 확률변수 X를 설명하시오.

풀이 확률변수 X를 $X: S \to (10-e)$라고 하면, 확률변수 X에 대응된 치역이 $\{x \mid 0 \leq x \leq 20\}$인 실수의 구간이므로, 위의 확률변수 X는 연속 확률변수이다.

예제 5 OO공장에서 생산되는 전구의 수명을 확률변수 X라고 하자. 확률변수 X를 설명하시오.

풀이 표본 공간은 $S=\{t \mid t \geq 0\}$이고, 확률변수 X가 취하는 형태는 다음과 같다.

$$X(t)=t, \quad t \geq 0$$

그런데 앞서 살펴본 이산 확률변수에서와 마찬가지로 다음과 같이 표기한다.

$$X=t,\ t \geq 0$$

따라서 확률변수 X에 대응된 치역이 실수의 구간이므로, 위의 확률변수 X는 연속 확률변수이다.

그밖에 초등학교 학생들의 키, 2009년도의 강우량 등과 같은 확률변수들은 취할 수 있는 가능한 값이 실수의 구간이므로, 모두 연속 확률변수이다.

2.4 확률분포

제1장에서 살펴본 확률의 모형이나 확률의 정리를 확률변수에 활용하기 위하여 확률변수에 그 값을 가질 경우의 확률을 대응시킨 함수를 생각한다. 이와 같이 확률변수에 대응된 함수를 확률분포라고하며, 확률변수의 종류에 따라 두 가지 종류의 확률분포를 정의할 수 있다. 그리고 두 가지 종류의 확률분포에서 결과의 특별한 형태에 따라 여러 가지 종류의 확률분포로 나누어볼 수 있는데, 자세한 확률분포는 제4장과 제5장에서 다룬다.

정의 4 확률분포

표본 공간에 대응된 확률변수의 결과에 그 값을 가질 경우의 확률을 대응시킨 관계를 확률분포(probability distribution)라고 한다.

정의 5 확률질량함수

이산 확률변수에 대한 확률분포를 확률질량함수(probability mass func- tion)라고 한다. 이산 확률변수 X에 대한 확률분포는 $P(X=x)=f(x)$로 표기한다.

가령, 확률변수 X가 취하는 값이 $x_1, x_2, \cdots, x_n$이고, 이에 대응하는 확률이 $p_1, p_2, \cdots, p_n$이라고 할 때, 이들의 대응관계를 표로 나타내면 다음과 같다. 이것을 이산형 확률변수에 대한 확률분포표라고 한다.

X	x_1	x_2	$\cdots$	x_n	합
$P(X=x)=f(x)$	p_1	p_2	$\cdots$	p_n	1

예제 6 두 개의 동전을 던지는 확률 실험에서 앞면이 나온 개수를 확률변수 X라고 하자. 이 확률변수에 대한 확률분포를 구하시오.

풀이 예제 2의 결과에 의하여 이 실험에 대한 확률변수는 0, 1, 2임을 알았다. 그러므로 각 경우에 대한 확률을 조사하면 다음과 같다.

$$P(X=0)=f(0)=\frac{1}{4},$$

$$P(X=1)=f(1)=\frac{1}{2},$$

$$P(X=2)=f(2)=\frac{1}{4}$$

따라서 확률분포는 $P(X=x)=f(x)=\binom{2}{x}\left(\frac{1}{2}\right)^x\left(\frac{1}{2}\right)^{2-x}$, $x=0, 1, 2$이다. 이 확률분포의 결과는 다음과 같은 표로 나타내기도 한다.

표본 공간 S	(앞면, 앞면)	(앞면, 뒷면), (뒷면, 앞면)	(뒷면, 뒷면)
확률변수 X	2	1	0
확률분포 $P(X=x)$	$\frac{1}{4}$	$\frac{1}{2}$	$\frac{1}{4}$

예제 7 두 개의 주사위를 던지는 확률 실험에서 두 눈의 합을 확률변수 X라고 하자. 이 확률변수에 대한 확률분포를 구하시오.

풀이 예제 3의 결과에 의하여 이 실험에 대한 확률변수는 2, 3, 4, 5, 6, 7, 8, 9, 10, 11, 12임을 알았다. 그러므로 각 경우에 대한 확률을 조사하면 다음과 같다.

표본 공간 S	(1, 1)	(1, 2), (2, 1)	(1, 3), (2, 2), (3, 1)	(1, 4), (2, 3), (3, 2), (4, 1)	(1, 5), (2, 4), (3, 3), (4, 2), (5, 1)	(1, 6), (2, 5), (3, 4), (4, 3), (5, 2), (6, 1)	(2, 6), (3, 5), (4, 4), (5, 3), (6, 2)	(3, 6), (4, 5), (5, 4), (6, 3)	(4, 6), (5, 5), (6, 4)	(5, 6), (6, 5)	(6, 6)
확률변수 X	2	3	4	5	6	7	8	9	10	11	12
확률분포 $P(X=x)$	$\frac{1}{36}$	$\frac{2}{36}$	$\frac{3}{36}$	$\frac{4}{36}$	$\frac{5}{36}$	$\frac{6}{36}$	$\frac{5}{36}$	$\frac{4}{36}$	$\frac{3}{36}$	$\frac{2}{36}$	$\frac{1}{36}$

정리 1 확률질량함수의 성질

(1) $0 \le P(X=x) = f(x) \le 1$

(2) $\sum_{all\ x} P(X=x) = \sum_{all\ x} f(x) = 1$

(3) $P(X \le x) = \sum_{x_i \le x} P(X = x_i) = \sum_{x_i \le x} f(x_i)$

정의 6 확률밀도함수

연속 확률변수에 대한 확률분포를 확률밀도함수(probability density function)라고 한다.

참고로, 연속 확률변수에 대한 확률분포 즉, 확률밀도함수는 경우에 따라서 주어진다.

정리 2 확률밀도함수의 성질

(1) $0 \le f(x)$

(2) $\int_{all\ x} f(x)\, dx = 1$

(3) $P(X \le x) = \int_{\min\{x_i\}}^{x} f(t)\, dt$

예제 8 한 상자 안에 사과맛 사탕 4개와 포도맛 사탕 7개가 들어 있다. 다음 물음에 답하시오.

(1) 이 상자에서 2개의 사탕을 꺼낸다고 할 때, 그 중에 뽑힌 사과맛 사탕에 대한 확률분포를 구하시오.

(2) [정리 1]의 (2)가 성립함을 보이시오.

(3) $P(X \le 1)$을 구하시오.

풀이 (1) 이 확률실험에서 뽑힌 사과맛 사탕의 개수를 확률변수 X라고 하면, 확률변수 X의 값은 0, 1, 2가 된다. 각 확률변수에 대한 확률을 조사하면 다음과 같다.

$$P(X=0) = f(0) = \frac{\binom{4}{0}\binom{7}{2}}{\binom{11}{2}} = \frac{21}{55},$$

$$P(X=1)=f(1)=\frac{\binom{4}{1}\binom{7}{1}}{\binom{11}{2}}=\frac{228}{55},$$

$$P(X=2)=f(2)=\frac{\binom{4}{2}\binom{7}{0}}{\binom{11}{2}}=\frac{6}{55}$$

따라서 확률분포는 $P(X=x)=f(x)=\dfrac{\binom{4}{x}\binom{7}{2-x}}{\binom{11}{2}}$, $x=0, 1, 2$ 이다. 이 확률분포의 결과는 다음과 같은 표로 나타내기도 한다.

표본 공간 Ω	(포도맛, 포도맛)	(포도맛, 사과맛), (사과맛, 포도맛)	(사과맛, 사과맛)
확률변수 X	0	1	2
확률분포 $P(X=x)$	$\frac{21}{55}$	$\frac{28}{55}$	$\frac{6}{55}$

(2)
$$\sum_{x=0}^{2} P(X=x)=\sum_{x=0}^{2} f(x)$$
$$=P(X=0)+P(X=1)+P(X=2)$$
$$=\frac{21+28+6}{55}=1$$

이므로, [정리 1]의 (2)가 성립함을 알 수 있다.

(3)
$$P(X\le 1)=\sum_{x=0}^{1} P(X=x)=P(X=0)+P(X=1)$$
$$=\frac{21+28}{55}=\frac{49}{55}$$

이다.

예제 9 OO회사에서 제조한 삼파장 형광램프의 수명을 확률변수 X 라고 할 때, 확률변수 X 는 다음과 같은 확률밀도함수를 갖는다고 한다.

$$f(x)=\lambda e^{-\frac{x}{100}},\ x\ge 0$$

이 삼파장 형광램프가 50시간 이상 150시간 이하 사용할 수 있는 확률을 구하시오.

풀이 수명에 대한 확률변수이므로, 연속 확률변수임을 알 수 있다. 먼저, 연속 확률변수에 대한 확률분포, 즉 확률밀도함수에 미지의 계수 λ 가 포함되어 있으므로, [정리 2]의 (1)을 이용하여 λ 을 찾는다.

$\int_0^\infty \lambda e^{-\frac{x}{100}} dx = 1$에서 적분을 계산하면, $100\lambda = 1$이므로, $\lambda = \frac{1}{100}$이다. 따라서 확률밀도함수는 $f(x) = \frac{1}{100} e^{-\frac{x}{100}},\ x \ge 0$이다. 그러므로 수명에 대한 확률은 다음과 같다.

$$P(50 \le X \le 150) = \int_{50}^{150} \frac{1}{100} e^{-\frac{x}{100}} dx = e^{-\frac{1}{2}} - e^{-\frac{3}{2}} \fallingdotseq 0.3834$$

2.5 누적분포함수

제2절 이산 확률변수와 제3절 연속 확률변수에서 살펴본 확률분포와 함께 수학적 모델로의 구축에 있어서 누적된 확률을 사용하는 경우가 있다. 이 절에서는 이에 관계된 함수인 누적분포함수에 대하여 공부한다.

정의 7 누적분포함수

확률변수 X에 대한 확률분포의 누적분포함수(cumulative distribution function)는 다음과 같이 정의하고, $F(x)$로 표기한다.

(1) 이산 확률변수에 대한 누적분포함수

$$F(x) = P(X \le x) = \sum_{\min\{x_i\}}^{x} P(X = x_i) = \sum_{\min\{x_i\}}^{x} f(x_i)$$

(2) 연속 확률변수에 대한 누적분포함수

$$\begin{aligned} F(x) &= P(X \le x) \\ &= \int_{\min\{x_i\}}^{x} f(t)\, dt \end{aligned}$$

예제10 두개의 동전을 던지는 확률 실험에서 앞면이 나오는 개수를 확률변수 X라고 하자. 이 확률변수에 대한 누적분포함수를 구하시오.

풀이 예제 6에 의하여 확률분포의 결과를 알았다. 이 표를 이용하여 각 확률변수에 대한 확률의 누적확률을 계산하면 다음과 같다.

$$F(0) = P(X \leq 0) = P(X=0) = \frac{1}{4},$$

$$F(1) = P(X \leq 1) = P(X=0) + P(X=1) = \frac{1}{4} + \frac{1}{2} = \frac{3}{4},$$

$$F(2) = P(X \leq 2) = P(X=0) + P(X=1) + P(X=2) = \frac{1}{4} + \frac{1}{2} + \frac{1}{4} = 1$$

따라서 다음의 누적분포함수로 정리된다.

$$F(x) = \begin{cases} 0, & x < 0 \\ \frac{1}{4}, & 0 \leq x < 1 \\ \frac{3}{4}, & 1 \leq x < 2 \\ 1, & x \geq 2 \end{cases}$$

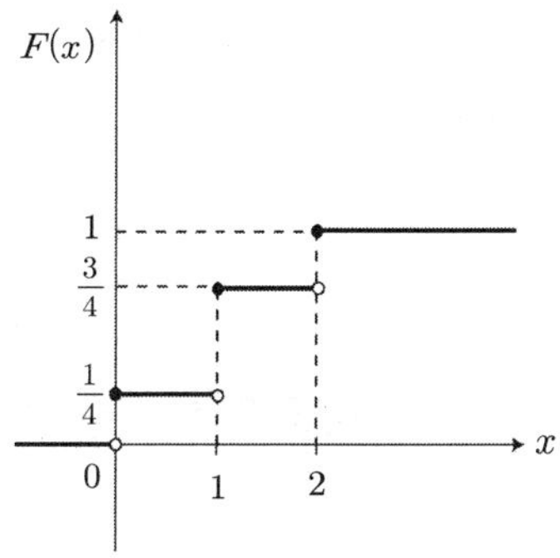

2.6 확률변수의 변환

본래 주어진 확률변수를 필요에 따라 치환을 해야 할 경우가 발생하는데, 이 절에서는 새로 정의된 확률변수의 확률분포를 구하는 방법에 대하여 알아본다.

정리 3 이산 확률변수의 1 대 1 변환에 의한 확률질량함수

확률변수 X의 확률질량함수를 $f_X(x)$라 하고, $Y = g(X)$가 1 대 1 변환을 이룬다고 할 때, 새로운 확률변수 Y의 확률질량 함수는 다음과 같다.

$$f_Y(y) = f_X\left(g^{-1}(y)\right)$$

증 명

확률질량함수의 정의에 의하여 다음과 같이 전개된다.

$$f_Y(y) = P(Y=y) = P(g(X)=y) = P\left(X = g^{-1}(y)\right) = f_X\left(g^{-1}(y)\right)$$

예제 11 확률변수 X의 확률질량함수가 다음과 같을 때, 변환 $Y=g(X)=X^2$에 대한 확률변수 Y의 확률질량함수를 구하시오.

$$f(x)=\frac{3}{4}\left(\frac{1}{4}\right)^{x-1},\ x=1,2,3,\cdots$$

풀이 확률변수 X가 갖는 값들이 모두 양수이므로, $Y=g(X)=X^2$은 1 대 1 변환을 이룬다. 따라서 $X=g^{-1}(Y)=\sqrt{Y}$이므로, 새로운 확률변수 Y의 확률질량함수는 다음과 같다.

$$f_Y(y)=f_X(g^{-1}(y))=f_X(\sqrt{y})=\frac{3}{4}\left(\frac{1}{4}\right)^{\sqrt{y}-1},\ y=1,4,9,\cdots$$

정리 4 연속 확률변수의 1 대 1 변환에 의한 확률밀도함수

확률변수 X의 확률밀도함수를 $f_X(x)$라 하고, $Y=g(X)$가 1 대 1 변환을 이룬다고 할 때, 새로운 확률변수 Y의 확률밀도함수는 다음과 같다.

$$f_Y(y)=f_X(g^{-1}(y))\cdot\left|\frac{d}{dy}(g^{-1}(y))\right|$$

증 명

연속 확률변수에 대한 누적분포함수의 정의에 의하여 다음과 같이 전개된다.

$$F_Y(y)=P(Y\le y)=P(g(X)\le y)=P(X\le g^{-1}(y))=F_X(g^{-1}(y))$$

누적분포함수와 확률밀도함수의 $\frac{d}{dx}(F_X(x))=f_X(x)$의 관계에 의하여 새로운 확률변수 Y의 확률밀도함수가 다음과 같이 정리된다.

$$f_Y(y)=f_X(g^{-1}(y))\cdot\left|\frac{d}{dy}(g^{-1}(y))\right|$$

예제 12 확률변수 X의 확률밀도함수가 다음과 같을 때, 변환 $Y=g(X)=\tan X$에 대한 확률변수 Y의 확률밀도함수를 구하시오.

$$f(x)=\begin{cases}\frac{1}{\pi}, & -\frac{\pi}{2}<x<\frac{\pi}{2}\\ 0, & otherwise\end{cases}$$

풀이 확률변수 X에 대하여 $Y=g(X)=\tan X$은 1 대 1 변환을 이룬다. 따라서 $X=g^{-1}(Y)=\tan^{-1} Y$이므로, 새로운 확률변수 Y의 확률밀도함수는 다음과 같다.

$$\begin{aligned} f_Y(y) &= f_X\left(g^{-1}(y)\right) \cdot \left|\frac{d}{dy}\left(g^{-1}(y)\right)\right| \\ &= f_X\left(\tan^{-1} y\right) \cdot \left|\left(\tan^{-1} y\right)'\right| \\ &= \frac{1}{\pi}\left(\frac{1}{1+y^2}\right), \ -\infty < y < \infty \end{aligned}$$

연습문제

1. 다음의 각 확률변수가 이산 확률변수인지 연속 확률변수인지를 밝히시오.

(1) 한 서점의 판매 사원이 일주일에 판매한 책의 수
(2) 한 개인병원에 환자들이 도착하는 시간의 간격
(3) 서울 시내에서 하루에 발생하는 교통사고의 건수
(4) 어느 식당에서 오후 1시 정각에 음식을 기다리는 손님의 수
(5) 한 수퍼마켓에서 판매하는 사과 한 개의 무게
(6) 어느 농구팀의 선수들의 키
(7) 한 치과에 오는 환자의 충치의 개수

2. 확률변수 X의 누적분포함수가 다음과 같을 때, 물음에 답하시오.

$$F(x)=\begin{cases} 0\,, & x<-1, \\ \frac{1}{4}, & -1\le x<1, \\ \frac{1}{2}, & 1\le x<2, \\ \frac{2}{3}, & 2\le x<3, \\ 1\,, & x\ge 3 \end{cases}$$

(1) $P(-1<X\le 2)$
(2) $P(-1\le X\le 2)$
(3) $P(-1\le X<2)$
(4) $P(-1<X<2)$
(5) $P(1.5<X<2.7)$

3. X의 확률분포표가 다음과 같을 때, a의 값을 구하시오.

X	-1	0	1	2
$P(X=x)$	$\frac{1}{8}$	a	$\frac{1}{8}$	$\frac{2}{8}$

4. 동전 3개를 던질 때, 앞면이 나온 횟수를 확률변수 X라고 하자. 이때, X의 확률분포표를 작성하시오.

5. 2개의 주사위를 던지는 실험에서 X를 두 주사위 눈의 곱이라고 할 때, X의 확률분포표를 작성하시오.

6. X의 누적분포함수가 $F(x) = 1 - \left(\frac{1}{2}\right)^{x+1}$, $x = 0, 1, 2, \cdots$ 일 때, X의 확률질량함수를 구하시오.

7. 다음의 확률분포표는 어떤 확률분포가 될 수 있는지를 설명하시오. 만약 확률분포가 될 수 없다면 왜 그런지 설명하시오.

X	0	1	2	3	4
$P(X=x)$	0.29	0.11	0.39	0.2	0.04

8. 저금통에 십 원짜리 동전이 5개, 백 원짜리 동전이 10개, 오백 원짜리 동전이 4개 들어 있다. 저금통을 흔들어서 1개의 동전을 뽑을 때, X를 저금통에서 나온 동전의 액수라 하자. X의 확률분포를 구하시오.

9. 1개의 동전을 던져 앞면이 나오면 1000원을 받고, 뒷면이 나오면 500원을 준다고 할 때, X를 실험 후 가지고 있는 최종금액이라고 하자. X의 확률분포표를 구하시오.

10. 흰 공 8개, 검은 공 4개, 노란 공 2개가 들어 있는 항아리로부터 2개의 공을 무작위로 뽑는다. 여기에서 선택된 검은 공에 대해서는 각각 2달러씩을 받고, 흰공에 대해서는 1달러씩을 준다고 할 때, X를 받은 돈의 총액수라고 하자. X의 확률분포표를 구하시오.

11. 두 개의 동전을 던지는 실험에서 앞면이 나오는 횟수에 대한 확률분포를 구하시오.

12. 두 개의 주사위를 던지는 실험에서 두 눈의 합에 의하여 정의되는 확률분포를 구하시오.

13. 확률질량함수 $f(x)$가 다음과 같을 때, 물음에 답하시오.

$$f(x)=\begin{cases} k(x+1), & x=1,\ 2,\ 3,\ 4, \\ 0 & ,otherwise \end{cases}$$

(1) 상수 k 를 구하시오.

(2) 누적분포함수를 구하시오.

14. 확률밀도함수 $f(x)$가 다음과 같을 때, 물음에 답하시오.

$$f(x)=\begin{cases} cx, & 0 \le x \le 2, \\ 0 & ,otherwise \end{cases}$$

(1) 상수 c의 값을 구하시오.

(2) 확률 $P(X \ge 1)$을 구하시오.

(3) 누적분포함수를 구하시오.

CHAPTER 3

기대값과 분산

3.1 서론

제2장에서는 확률변수에 대응하는 확률분포에 대하여 살펴보았다. 이 장에서는 확률분포들의 특성을 수로 표현할 수 있는 여러 가지 성질에 관하여 연구한다.

확률분포의 중심이 무엇인지를 나타내는 기대값과 확률분포의 퍼짐의 정도를 나타내는 분산에 대하여 알아본다. 이러한 확률분포의 특성은 나아가 통계적 추론에서 모집단의 모습을 관찰하는데 사용된다.

3.2 이산 확률변수의 기대값

정의 1 기대값

확률변수 X의 확률질량함수를 $f(x)$라고 하자.

(1) 확률변수 X의 기대값(expectation 또는 expected value)은 다음과 같이 정의한다.

$$E(X) = \sum_{x=x_1}^{x_n} x \cdot P(X=x) = \sum_{x=x_1}^{x_n} x \cdot f(x)$$

정의된 기대값 $E(X)$는 μ라고도 표기한다.

(2) 확률변수 X의 함수를 $h(X)$라고 할 때, 확률변수의 함수 $h(X)$의 기대값은 다음과 같이 정의한다.

$$E(h(X)) = \sum_{x=x_1}^{x_n} h(x) \cdot P(X=x) = \sum_{x=x_1}^{x_n} h(x) \cdot f(x)$$

예제 1 다음의 확률분포에 대하여 물음에 답하시오.

X	0	1	2	합
$P(X=x)=f(x)$	$\frac{1}{4}$	$\frac{1}{2}$	$\frac{1}{4}$	1

(1) 확률변수 X의 기대값을 구하시오.

(2) 확률변수 X의 함수 $h(X)=X^3$의 기대값을 구하시오.

풀이 (1) $E(X)=\sum_{x=0}^{2} x \cdot P(X=x)=0 \cdot \frac{1}{4}+1 \cdot \frac{1}{2}+2 \cdot \frac{1}{4}=1$

(2) $E(h(X))=\sum_{x=0}^{2} h(x) \cdot P(X=x)$

$$=\sum_{x=0}^{2} x^3 \cdot P(X=x)=0 \cdot \frac{1}{4}+1 \cdot \frac{1}{2}+2^3 \cdot \frac{1}{4}=\frac{5}{2}$$

예제 2 어느 가게에서는 상품 1개를 팔면 50원의 이익을 얻고, 불량품 1개를 팔면 200원의 손해를 본다고 한다. 전체 상품에 대한 불량품의 비율이 2%라고 할 때, 판매한 상품 1개에 대한 기대값을 구하시오.

풀이 확률변수 X를 상품 1개에 대한 손익금액이라고 할 때, 다음의 확률분포를 얻는다.

X	50	−200	합
$P(X=x)=f(x)$	0.98	0.02	1

그러므로 기대값의 정의에 의하여 다음과 같이 전개된다.

$$E(X)=\sum_{x=x_1}^{x_2} x \cdot P(X=x)=50 \cdot 0.98+(-200) \cdot 0.02=45(\text{원})$$

예제 3 500원짜리 동전 2개를 던져서 모두 앞면이 나오면 그 동전 2개를 모두 갖고, 모두 뒷면이 나오면 500원을 주기로 하였다. 500원짜리 동전 2개를 던질 때의 기대값을 구하시오.

풀이 확률변수 X를 실험 결과에 대한 주고받는 금액이라고 할 때, 다음의 확률분포를 얻는다.

X	−500	0	1000	합
$P(X=x)=f(x)$	$\frac{1}{4}$	$\frac{1}{2}$	$\frac{1}{4}$	1

그러므로 기대값의 정의에 의하여 다음과 같이 전개된다.

$$E(X)=\sum_{x=x_1}^{x_3} x\cdot P(X=x)=(-500)\cdot\frac{1}{4}+0\cdot\frac{1}{2}+1000\cdot\frac{1}{4}=125(\text{원})$$

정리 1

임의의 상수 a, b에 대하여, X가 이산 확률변수일 때, 다음이 성립한다.

$$E(aX+b)=aE(X)+b$$

증 명

확률변수 X의 함수를 $h(X)=aX+b$라고 하면, 확률변수의 함수 $h(X)$의 기대값은 다음과 같이 전개된다.

$$\begin{aligned}E(aX+b)&=\sum_{x=x_1}^{x_n}(ax+b)\cdot P(X=x)\\&=a\sum_{x=x_1}^{x_n}x\cdot P(X=x)+b\sum_{x=x_1}^{x_n}P(X=x)\end{aligned}$$

여기에서 $\sum_{x=x_1}^{x_n}P(X=x)=1$이므로, 확률변수의 함수 $h(X)$의 기대값은 다음과 같이 정리된다.

$$E(aX+b)=aE(X)+b$$

3.3 이산 확률변수의 분산과 표준편차

정의 2 분산과 표준편차

확률변수 X의 확률질량함수를 $f(x)$라고 하자.

(1) 분산

기대값을 중심으로 확률변수들이 흩어져 있는 정도를 알아보는 척도를 분산(variation)이라 하고, 다음과 같이 정의한다.

$$V(X)=\sum_{x=x_1}^{x_n}(x-E(X))^2\cdot P(X=x)$$

정의된 분산 $V(X)$는 σ^2이라고도 표기한다.

(2) 표준편차

분산의 양의 제곱근을 표준편차(standard deviation)라 하고, 다음과 같이 정의한다.

$$S(X) = \sqrt{V(X)}$$

정의된 표준편차 $S(X)$는 σ라고도 표기한다.

위에서 정의된 분산은 복잡하므로, 실제로는 다음과 같이 정리된 식을 주로 사용한다.

$$\begin{aligned}
V(X) &= \sum_{x=x_1}^{x_n} (x-E(X))^2 \cdot P(X=x) \\
&= \sum_{x=x_1}^{x_n} (x-\mu)^2 \cdot P(X=x) \\
&= \sum_{x=x_1}^{x_n} (x^2-2\mu x+\mu^2) \cdot P(X=x) \\
&= \sum_{x=x_1}^{x_n} x^2 \cdot P(X=x) - 2\mu \sum_{x=x_1}^{x_n} x \cdot P(X=x) + \mu^2 \sum_{x=x_1}^{x_n} P(X=x) \\
&= \sum_{x=x_1}^{x_n} x^2 \cdot P(X=x) - 2\left(\sum_{x=x_1}^{x_n} x \cdot P(X=x)\right)^2 + \mu^2 \\
&= \sum_{x=x_1}^{x_n} x^2 \cdot P(X=x) - \left(\sum_{x=x_1}^{x_n} x \cdot P(X=x)\right)^2 \\
&= E(X^2) - (E(X))^2
\end{aligned}$$

예제 4 주어진 확률분포에 대하여 다음을 구하시오.

X	1	2	3	4	합
$P(X=x)=f(x)$	$\frac{1}{2}$	$\frac{1}{6}$	$\frac{1}{6}$	$\frac{1}{6}$	1

(1) 평균 (2) 분산 (3) 표준편차

풀이 (1) $E(X) = \sum_{x=1}^{4} x \cdot P(X=x) = 1 \cdot \frac{1}{2} + 2 \cdot \frac{1}{6} + 3 \cdot \frac{1}{6} + 4 \cdot \frac{1}{6} = 2$

(2) 분산의 변형된 식인 $V(X) = E(X^2) - (E(X))^2$을 이용하기 위해서, $E(X^2)$을 구한다.

$$\begin{aligned}
E(X^2) &= \sum_{x=1}^{4} x^2 \cdot P(X=x) \\
&= 1 \cdot \frac{1}{2} + 2^2 \cdot \frac{1}{6} + 3^2 \cdot \frac{1}{6} + 4^2 \cdot \frac{1}{6} = \frac{16}{3}
\end{aligned}$$

그러므로 분산의 정의에 의하여 다음과 같이 정리된다.

$$V(X) = E(X^2) - (E(X))^2 = \frac{16}{3} - 2^2 = \frac{4}{3}$$

(3) $S(X) = \sqrt{V(X)} = \sqrt{\frac{4}{3}}$

정리 2

임의의 상수 a, b에 대하여, 다음이 성립한다.

$$V(aX+b) = a^2 V(X)$$

증 명

변형된 분산의 식 $V(X) = E(X^2) - (E(X))^2$에 의하여 다음과 같이 전개된다.

$$\begin{aligned} V(aX+b) &= E((aX+b)^2) - (E(aX+b))^2 \\ &= E(a^2X^2 + 2abX + b^2) - (aE(X) + b)^2 \\ &= a^2E(X^2) + 2abE(X) + b^2 - (a^2(E(X))^2 + 2abE(X) + b^2) \\ &= a^2(E(X^2) - (E(X))^2) \\ &= a^2 V(X) \end{aligned}$$

3.4 이산 확률변수의 적률생성함수

제2절과 제3절에서는 확률변수의 기대값이나 확률변수 함수의 기대값을 구하는 여러 가지 식을 보았다. 이 절에서는 살펴본 여러 가지의 기대값을 하나로 표현할 수 있는 일반화된 함수에 대하여 알아본다.

정의 3 적률

(1) 확률변수 X의 원점에 대한 k차 적률(k-th moment about original)을 다음과 같이 정의한다.

$$m_k = E(X^k),\ k = 1, 2, \cdots$$

(2) 확률변수 X의 기대값에 대한 k차 적률(k-th moment about mean)을 다음과 같이 정의한다.

$$m_k = E((X-\mu)^k),\ k=1,\ 2,\ \cdots$$

위의 정의 (1)에서 $k=1$인 경우의 적률은 기대값과 동일하고, 정의 (2)에서 $k=2$인 경우의 적률은 분산과 동일하다.

정의 4 적률생성함수

확률변수 X의 확률질량함수를 $f(x)$라고 하자.

(1) 확률변수 X에 대하여, 다음의 기대값을 적률생성함수(moment generating function)라고 한다.

$$M_X(t) = E(e^{tX}) = \sum_{x=x_1}^{x_n} e^{tx} \cdot P(X=x)$$

(2) 확률변수 X의 함수를 $h(X)$라고 할 때, 확률변수의 함수 $h(X)$에 대하여 다음의 기대값을 적률생성함수라고 한다.

$$M_{h(X)}(t) = E(e^{t \cdot h(X)}) = \sum_{x=x_1}^{x_n} e^{t \cdot h(x)} \cdot P(X=x)$$

정리 3 특별한 적률생성함수

확률변수 X의 확률질량함수를 $f(x)$라고 할 때, 다음이 성립한다.

(1) $M_X{}'(0) = E(X)$

(2) $M_X{}''(0) - (M_X{}'(0))^2 = V(X)$

증 명

(1) $e^{tx} = 1 + \frac{tx}{1!} + \frac{(tx)^2}{2!} + \cdots + \frac{(tx)^n}{n!} + \cdots$의 매클로린 급수 전개를 이용하여 적률생성함수를 나타내면 다음과 같다.

$$M_X(t) = E(e^{tX}) = E\left(1 + \frac{tX}{1!} + \frac{(tX)^2}{2!} + \cdots + \frac{(tX)^n}{n!} + \cdots\right)$$

따라서 기대값의 성질을 이용하면, 다음과 같이 전개된다.

$$M_X(t) = 1 + tE(X) + \frac{t^2}{2!}E(X^2) + \cdots + \frac{t^n}{n!}E(X^n) + \cdots$$

위의 정리된 적률생성함수를 t에 관하여 미분한다.

$$M_X{}'(t) = \frac{\partial M_X(t)}{\partial t} = E(X) + tE(X^2) + \cdots + \frac{t^{n-1}}{(n-1)!}E(X^n) + \cdots$$

그러므로

$$M_X{}'(0) = \left[E(X) + tE(X^2) + \cdots + \frac{t^{n-1}}{(n-1)!}E(X^n) + \cdots\right]_{t=0} = E(X)$$

이다.

(2) (1)의 증명에서 얻어진 $M'(t)$를 다시 한번 t에 관하여 미분한다.

$$M_X{}''(t) = \frac{\partial M_X{}'(t)}{\partial t} = E(X^2) + tE(X^3) + \cdots + \frac{t^{n-2}}{(n-2)!}E(X^n) + \cdots$$

여기에서

$$M_X{}''(0) = \left[E(X^2) + tE(X^3) + \cdots + \frac{t^{n-2}}{(n-2)!}E(X^n) + \cdots\right]_{t=0} = E(X^2)$$

이 된다. 그러므로

$$M_X{}''(0) - (M_X{}'(0))^2 = E(X^2) - (E(X))^2 = V(X)$$

이다.

예제 5 다음의 확률분포에 대하여 물음에 답하시오.

X	0	1	2	합
$P(X=x)=f(x)$	$\frac{1}{4}$	$\frac{1}{2}$	$\frac{1}{4}$	1

(1) 적률생성함수를 구하시오.

(2) 적률생성함수를 이용하여 기대값을 구하시오.

(3) 적률생성함수를 이용하여 분산을 구하시오.

풀이 (1) $M_X(t) = E(e^{tX}) = \sum_{x=0}^{2} e^{tx} \cdot P(X=x)$

$$= 1 \cdot \frac{1}{4} + e^t \cdot \frac{1}{2} + e^{2t} \cdot \frac{1}{4} = \frac{1}{4}(e^t+1)^2$$

(2) $E(X) = M_X{}'(0)$이므로, (1)의 적률생성함수를 t에 관하여 미분한다.

$$M_X{}'(t) = \frac{\partial M_X(t)}{\partial t} = \frac{1}{2}(e^t+1) \cdot e^t$$

그러므로 $E(X)=M_X{}'(0)=\left[\frac{1}{2}(e^t+1)\cdot e^t\right]_{t=0}=1$이다.

(3) $V(X)=M_X{}''(0)-(M_X{}'(0))^2$이므로, (2)의 $M_X{}'(t)$를 다시 한번 t에 관하여 미분한다.

$$M_X{}''(t)=\frac{\partial M_X{}'(t)}{\partial t}=\frac{1}{2}(2e^{2t}+e^t)$$

여기에서 $M_X{}''(0)=\left[\frac{1}{2}(2e^{2t}+e^t)\right]_{t=0}=\frac{3}{2}$이므로, 분산은 다음과 같이 정리된다.

$$V(X)=M_X{}''(0)-(M_X{}'(0))^2=\frac{3}{2}-1=\frac{1}{2}$$

정리 4

임의의 상수 a, b에 대하여, 확률변수 X의 적률생성함수를 $M_X(t)$라고 할 때, $Y=aX+b$의 적률생성함수는 다음과 같다.

$$M_Y(t)=e^{bt}\cdot M_X(at)$$

증 명

적률생성함수의 정의에 의하여 다음과 같이 전개된다.

$$M_Y(t)=E(e^{tY})=E\left(e^{t(aX+b)}\right)=e^{bt}\cdot E(e^{atX})=e^{bt}\cdot M_X(at)$$

3.5 연속 확률변수의 기대값

정의 5 기대값

확률변수 X의 확률밀도함수를 $f(x)$라고 하자.

(1) 확률변수 X의 기대값(expectation 또는 expected value)은 다음과 같이 정의한다.

$$E(X)=\int_{-\infty}^{\infty}x\cdot f(x)\,dx$$

정의된 기대값 $E(X)$는 μ라고도 표기한다.

(2) 확률변수 X의 함수를 $h(X)$라고 할 때, 확률변수의 함수 $h(X)$의 기대값은 다음과 같이 정의한다.

$$E(h(X))=\int_{-\infty}^{\infty} h(x)\cdot f(x)\,dx$$

예제 6 다음의 확률밀도함수에 대하여 기대값을 구하시오.

$$f(x)=\begin{cases} e^{-x},\ x>0 \\ 0\ ,\ otherwise \end{cases}$$

풀이 기대값의 정의에 의하여 다음과 같이 전개된다.

$$E(X)=\int_{0}^{\infty} x\cdot f(x)\,dx=\int_{0}^{\infty} x\cdot e^{-x}\,dx$$

부분적분을 이용하여 정리하면, 다음과 같다.

$$E(X)=\int_{0}^{\infty} e^{-x}\,dx=1$$

정리 5

임의의 상수 a, b에 대하여, 연속 확률변수 X일 때, 다음이 성립한다.

$$E(aX+b)=aE(X)+b$$

증 명

확률변수 X의 함수를 $h(X)=aX+b$라고 하면, 확률변수의 함수 $h(X)$의 기대값은 다음과 같이 전개된다.

$$E(aX+b)=\int_{-\infty}^{\infty}(ax+b)\cdot f(x)\,dx$$

$$=a\int_{-\infty}^{\infty} x\cdot f(x)\,dx+b\int_{-\infty}^{\infty} f(x)\,dx$$

여기에서 $\int_{-\infty}^{\infty} f(x)\,dx=1$이므로, 확률변수의 함수 $h(X)$의 기대값은 다음과 같이 정리된다.

$$E(aX+b)=aE(X)+b$$

3.6 연속 확률변수의 분산과 표준편차

정의 6 분산과 표준편차

확률변수 X의 확률밀도함수를 $f(x)$라고 하자.

(1) 분산

기대값을 중심으로 확률변수들이 흩어져 있는 정도를 알아보는 측도를 분산(variation)이라 하고, 다음과 같이 정의한다.

$$V(X)=\int_{-\infty}^{\infty}(x-E(X))^2\cdot f(x)\,dx$$

정의된 분산 $V(X)$는 σ^2이라고도 표기한다.

(2) 표준편차

분산의 양의 제곱근을 표준편차(standard deviation)라 하고, 다음과 같이 정의한다.

$$S(X)=\sqrt{V(X)}$$

정의된 표준편차 $S(X)$는 σ라고도 표기한다.

연속 확률변수에 대해서도 이산 확률변수에서와 같이 위에서 정의된 분산의 정의는 복잡하므로, 실제로는 다음과 같이 정리된 식을 주로 사용한다.

$$\begin{aligned}
V(X)&=\int_{-\infty}^{\infty}(x-E(X))^2\cdot f(x)\,dx\\
&=\int_{-\infty}^{\infty}(x-\mu)^2\cdot f(x)\,dx\\
&=\int_{-\infty}^{\infty}(x^2-2\mu x+\mu^2)\cdot f(x)\,dx\\
&=\int_{-\infty}^{\infty}x^2\cdot f(x)\,dx-2\mu\int_{-\infty}^{\infty}x\cdot f(x)\,dx+\mu^2\int_{-\infty}^{\infty}f(x)\,dx\\
&=\int_{-\infty}^{\infty}x^2\cdot f(x)\,dx-2\left(\int_{-\infty}^{\infty}x\cdot f(x)\,dx\right)^2+\mu^2\\
&=\int_{-\infty}^{\infty}x^2\cdot f(x)\,dx-\left(\int_{-\infty}^{\infty}x\cdot f(x)\,dx\right)^2\\
&=E(X^2)-(E(X))^2
\end{aligned}$$

예제 7 다음의 확률밀도함수에 대하여 분산과 표준편차를 구하시오.

$$f(x)=\begin{cases} e^{-x},\ x>0 \\ 0\ \ ,\ otherwise \end{cases}$$

풀이 변형된 분산의 식 $V(X)=E(X^2)-(E(X))^2$을 이용하기 위하여, $E(X^2)$을 구한다.

$$E(X^2)=\int_0^{\infty} x^2\cdot f(x)\,dx=\int_0^{\infty} x^2\cdot e^{-x}\,dx$$

부분적분을 이용하여 정리하면, 다음과 같다.

$$E(X^2)=2\int_0^{\infty} e^{-x}\,dx=2$$

예제 6에서 $E(X)=1$이므로, $V(X)=E(X^2)-(E(X))^2=2-1=1$이고, 표준편차는 $S(X)=\sqrt{V(X)}=1$이다.

예제 8 다음의 확률밀도함수에 대하여 기대값, 분산, 표준편차를 구하시오.

$$f(x)=\begin{cases} 1-|1-x|,\ 0<x<2 \\ 0\ \ ,\ otherwise \end{cases}$$

풀이 주어진 확률밀도함수는 다음과 같이 세분화된다.

$$f(x)=\begin{cases} x\ \ ,\ 0<x<1 \\ 2-x,\ 1<x<2 \\ 0\ \ ,\ otherwise \end{cases}$$

따라서 기대값의 정의에 의하여 다음과 같이 전개된다.

$$\begin{aligned} E(X)&=\int_0^2 x\cdot f(x)\,dx \\ &=\int_0^1 x\cdot x\,dx+\int_1^2 x\cdot(2-x)\,dx=1 \end{aligned}$$

분산을 계산하기 위하여 먼저 $E(X^2)$을 계산한다.

$$\begin{aligned} E(X^2)&=\int_0^2 x^2\cdot f(x)\,dx \\ &=\int_0^1 x^2\cdot x\,dx+\int_1^2 x^2\cdot(2-x)\,dx=\frac{7}{6} \end{aligned}$$

그러므로 $V(X)=E(X^2)-(E(X))^2=\frac{7}{6}-1=\frac{1}{6}$ 이고, 표준편차는

$$S(X)=\sqrt{V(X)}=\sqrt{\frac{1}{6}}$$ 이다.

3.7 연속 확률변수의 적률생성함수

정의 7 적률생성함수

확률변수 X의 확률밀도함수를 $f(x)$라고 하자.

(1) 확률변수 X에 대하여, 다음의 기대값을 적률생성함수(moment generating function)라고 정의한다.

$$M_X(t)=E(e^{tX})=\int_{-\infty}^{\infty} e^{tx}\cdot f(x)\,dx$$

(2) 확률변수 X의 함수를 $h(X)$라고 할 때, 확률변수의 함수 $h(X)$에 대하여, 다음의 기대값을 적률생성함수라고 정의한다.

$$M_{h(X)}(t)=E(e^{t\cdot h(X)})=\int_{-\infty}^{\infty} e^{t\cdot h(x)}\cdot f(x)\,dx$$

예제 9 다음의 확률밀도함수에 대하여 물음에 답하시오.

$$f(x)=\begin{cases}10\,e^{-10x}, & x>0\\ 0 & , otherwise\end{cases}$$

(1) 적률생성함수를 구하시오.
(2) 적률생성함수를 이용하여 기대값을 구하시오.
(3) 적률생성함수를 이용하여 분산을 구하시오.

풀이 (1) 적률생성함수의 정의에 의하여 다음과 같이 전개된다.

$$M_X(t)=E(e^{tX})=\int_0^{\infty} e^{tx}\cdot f(x)\,dx$$

$$=\int_0^{\infty} e^{tx}\cdot\left(10e^{-10x}\right)dx$$

$$= 10\int_0^{\infty} e^{(t-10)x}\, dx$$

$$= \frac{10}{(10-t)},\ t \neq 10$$

(2) $E(X) = M_X{}'(0)$이므로, (1)의 적률생성함수를 t에 관하여 미분한다.

$$M_X{}'(t) = \frac{\partial M_X(t)}{\partial t} = \frac{10}{(10-t)^2},\ t \neq 10$$

그러므로 $E(X) = M_X{}'(0) = \left[\frac{10}{(10-t)^2}\right]_{t=0} = \frac{1}{10}$이다.

(3) $V(X) = M_X{}''(0) - (M_X{}'(0))^2$이므로, (2)의 $M_X{}'(t)$를 다시 한번 t에 관하여 미분한다.

$$M_X{}''(t) = \frac{\partial M_X{}'(t)}{\partial t} = \frac{20}{(10-t)^3},\ t \neq 10$$

여기에서 $M_X{}''(0) = \left[\frac{20}{(10-t)^3}\right]_{t=0} = \frac{1}{50}$이므로, 분산은 다음과 같이 정리된다.

$$V(X) = M_X{}''(0) - (M_X{}'(0))^2 = \frac{1}{50} - \left(\frac{1}{10}\right)^2 = \frac{1}{100}$$

연습문제

1. 확률변수 X의 확률분포가 다음과 같다. 이때, X의 기대값과 분산을 구하시오.

X	-1	0	1	2
$P(X=x)$	$\frac{1}{8}$	$\frac{3}{8}$	$\frac{3}{8}$	$\frac{1}{8}$

2. 동전을 2회 던질 때, 나오는 앞면의 개수를 확률변수 X라 하자. 이때, X의 기대값과 분산을 구하시오.

3. 공정한 주사위를 1회 던졌을 때, 나타나는 눈을 확률변수 X라 하자. 이때, X의 기대값과 분산을 구하시오.

4. 4개의 빨간 공과 6개의 흰 공이 들어 있는 주머니에서 2개의 공을 복원 추출하는 시행에서 빨간 공의 개수를 확률변수 X라 하자. 이때, X의 기대값과 분산을 구하시오.

5. 확률변수 X가 다음의 확률질량함수를 가질 때, 물음에 답하시오.

$$f(x)=\left(\frac{1}{2}\right)^x,\ x=1,\ 2,\ 3,\ \cdots$$

(1) X의 적률생성함수를 구하시오.
(2) $E(X)$를 구하시오.
(3) $V(X)$를 구하시오.

6. 확률변수 X가 다음의 확률질량함수를 가질 때, 물음에 답하시오.

$$f(x)=\frac{4}{5^{x+1}},\ x=1,\ 2,\ \cdots$$

(1) X의 적률생성함수를 구하시오.

(2) $E(X)$를 구하시오.

(3) $V(X)$를 구하시오.

7. 확률변수 X가 다음의 확률밀도함수를 가질 때, 물음에 답하시오.

$$f(x)=\begin{cases}2(1-x), & 0<x<1 \\ 0 & , otherwise\end{cases}$$

(1) $E(X)$를 구하시오.

(2) $E(X^2)$를 구하시오.

8. 확률변수 X가 다음의 확률밀도함수를 가질 때, 물음에 답하시오.

$$f(x)=\begin{cases}\frac{1}{2}e^{-\frac{x}{2}}, & x>0 \\ 0 & , otherwise\end{cases}$$

(1) X의 적률생성함수를 구하시오.

(2) $E(X)$를 구하시오.

(3) $V(X)$를 구하시오.

9. $E(X)=10$, $V(X)=5$일 때, 다음을 구하시오.

(1) $E(X^2)$

(2) $E(-X)$

(3) $V(X+10)$

(4) $V(-X)$

10. 다음과 같이 주어진 복권에 대한 상금의 기대값을 구하시오.

상금(만 원)	100	50	10	5	0
확률	$\frac{1}{1000}$	$\frac{1}{500}$	$\frac{1}{100}$	$\frac{1}{10}$	$\frac{887}{1000}$

CHAPTER 4

이산 확률분포

4.1 서론

제2장에서는 이산 확률변수와 그에 대응하는 확률분포인 확률질량함수에 대한 정의를 살펴보았다. 이 장에서는 이산 확률분포의 구체적인 종류에 대한 정의와 성질에 대하여 알아본다.

정의 1 이산 확률분포

이산 확률변수의 결과에 그 값을 가질 경우의 확률을 대응시킨 함수를 이산 확률분포(discrete probability distribution) 또는 확률질량함수(probability mass function)라고 한다.

4.2 베르누이 분포

정의 2 베르누이 시행

두 가지의 실현 가능한 결과를 갖는 실험을 베르누이 시행(Bernoulli trial) 또는 베르누이 실험이라고 한다.

예제 1 한 개의 동전을 던지는 확률 실험을 생각하자. 이 실험에서의 결과는 앞면이 나오는 것과 뒷면이 나오는 것에 대한 두 가지의 경우가 있다. 따라서 두 가지의 결과만을 갖는 실험이므로 한 개의 동전을 던지는 실험은 베르누이 시행이라고 할 수 있다.

정의 3 베르누이 확률변수

베르누이 시행의 두 가지 결과를 각각 0과 1에 대응시킨 확률변수를 베르누이 확률변수(Bernoulli random variable)라고 한다. 즉, 확률 실험에 대한 표본 공간이 $S=\{x_1, x_2\}$일 때, 다음과 같은 대응의 결과를 베르누이 확률변수라고 한다.

$$X(e)=\begin{cases}1, & e=x_1, \\ 0, & e=x_2\end{cases} \quad \text{또는} \quad X(e)=\begin{cases}1, & e=x_2, \\ 0, & e=x_1\end{cases}$$

보통 베르누이 시행의 두 가지 결과를 성공과 실패로 구분하며 성공의 결과에는 확률변수 1을 대응하고, 실패의 결과에는 확률변수 0을 대응한다.

예제 2 한 개의 동전을 던지는 확률 실험에서는 앞면과 뒷면의 결과가 나오므로, 앞면에 1을 대응하고, 뒷면에 0을 대응할 수 있다. 또는 앞면에 0을 대응하고, 뒷면에 1을 대응하는 경우도 생각할 수 있다. 그러므로 베르누이 확률변수가 된다.

정의 4 베르누이 분포

확률변수 X가 다음과 같은 확률질량함수를 가질 때, X는 베르누이 분포(Bernoulli distribution)를 따른다고 한다.

$$f(x)=\begin{cases}p & , x=1, \\ 1-p, & x=0\end{cases} \quad \text{또는} \quad f(x)=p^x(1-p)^{1-x},\ x=0, 1$$

그리고 $X\sim BER(p)$ 또는 $X\sim B(1, p)$라고 표기한다.

정리 1 베르누이 분포의 적률생성함수

확률변수 X가 성공의 확률이 p인 베르누이 분포를 따른다고 할 때, 즉 $X\sim BER(p)$일 때, 다음의 적률생성함수를 갖는다.

$$M_X(t)=pe^t+(1-p) \quad \text{또는} \quad M_X(t)=pe^t+q$$

증 명

적률생성함수의 정의에 의하여 다음과 같이 전개된다.

$$M_X(t) = E(e^{tX}) = \sum_{x=0}^{1} e^{tx} f(x) = (1-p) + e^t p$$

여기에서 실패의 확률인 $1-p$를 q라고 한다면, 결국 적률생성함수는 다음과 같이 정리된다.

$$M_X(t) = pe^t + q$$

정리 2 베르누이 분포의 기대값과 분산

확률변수 X가 성공의 확률이 p인 베르누이 분포를 따른다고 할 때, 즉 $X \sim BER(p)$일 때, 다음이 성립한다.

(1) $E(X) = p$

(2) $V(X) = pq$

증 명

(1) 기대값의 정의에 의하여 다음과 같이 전개된다.

$$E(X) = \sum_{x=0}^{1} x \cdot f(x) = p$$

(2) 분산의 정의에 의하여 다음과 같이 전개된다.

$$V(X) = E(X^2) - (E(X))^2 = \left(\sum_{x=0}^{1} x^2 \cdot f(x) \right) - p^2 = p - p^2 = p(1-p) = pq$$

4.3 이항 분포

정의 5 이항 시행

성공할 확률이 p인 베르누이 시행을 독립적으로 n번 반복하는 확률 실험을 이항 시행(binomial trial) 또는 이항 실험이라고 한다.

정의 6 이항 확률변수

성공할 확률이 p인 베르누이 시행을 독립적으로 반복하는 이항 시행에서 성공이 일어난 횟수에 대응시킨 확률변수를 이항 확률변수(binomial random variable)라고 한다.

예제 3 앞면이 나올 확률이 p인 동전을 던지는 확률 실험을 네 번 반복하자. 이 실험에서 앞면이 나온 횟수를 확률변수 X로 정의할 때, 이 확률 실험은 두 가지의 결과를 갖는 실험이 독립적으로 반복되었으므로, 이항 시행이 된다. 이항 시행에서의 각 결과에 정의된 확률변수를 대응시킨 표본 공간은

$$S=\{(\text{앞면}, \text{앞면}, \text{앞면}, \text{앞면}), (\text{앞면}, \text{앞면}, \text{앞면}, \text{뒷면}), \cdots, (\text{뒷면}, \text{뒷면}, \text{뒷면}, \text{뒷면})\}$$

이므로, 확률변수 X는 이항 확률변수로서 $X=\{0, 1, 2, 3, 4\}$이다. 여기에 각 확률변수에 그 결과가 나오게 된 경우의 확률을 대응시킨 결과는 다음과 같다.

$$\begin{cases} f(4)=P(X=4)=p^4, \\ f(3)=P(X=3)=\binom{4}{3}p^3(1-p), \\ f(2)=P(X=2)=\binom{4}{2}p^2(1-p)^2, \\ f(1)=P(X=1)=\binom{4}{1}p(1-p)^3, \\ f(0)=P(X=0)=(1-p)^4 \end{cases}$$

위와 같이 이항 확률변수에 대응된 확률의 분포를 이항 분포라고 한다.

정의 7 이항 분포

확률변수 X가 다음과 같은 확률질량함수를 가질 때, X는 이항 분포(binomial distribution)를 따른다고 한다.

$$f(x)=\binom{n}{x}p^x(1-p)^{n-x},\ x=0, 1, 2, \cdots, n$$

그리고 $X\sim B(n, p)$라고 표기한다.

예제 4 한 축구선수의 프리킥 성공률이 85%라고 한다. 이 선수가 한 경기에서 총 다섯 번의 프리킥의 기회를 가졌을 때, 골인하는 횟수에 대한 확률분포를 구하시오.

풀이 확률변수 X를 프리킥의 성공 횟수라고 한다면, 다음과 같은 이항 분포를 갖는다.

$$f(x)=\binom{5}{x}(0.85)^x(0.15)^{5-x},\ x=0,1,2,\cdots,5 \text{ 또는 } X\sim B(5,0.85)$$

예제 5 한 질병에 걸린 환자가 다시 회복할 확률은 0.25라고 한다. 같은 질병을 앓고 있는 환자가 10명이 있을 때, 다음의 확률을 구하시오.

(1) 적어도 7명이 회복할 확률

(2) 4명에서 7명이 회복할 확률

(3) 단 2명만이 회복할 확률

풀이 확률변수 X를 질병으로부터 다시 회복되는 사람의 수라고 한다면, 다음과 같은 이항 분포를 갖는다.

$$f(x)=\binom{10}{x}(0.25)^x(0.75)^{10-x},\ x=0,1,2,\cdots,10$$

또는 $X\sim B(10,0.25)$

위의 분포와 부록의 누적 이항 분포표를 이용하여 각 확률을 계산하면 다음과 같다.

(1) $$\begin{aligned}P(X\geq 7)&=1-P(X\leq 6)\\&=1-\sum_{x=0}^{6}f(x)=1-\sum_{x=0}^{6}\binom{10}{x}(0.25)^x(0.75)^{10-x}\\&=1-0.9965=0.0035\end{aligned}$$

(2) $$\begin{aligned}P(4\leq X\leq 7)&=P(X=4)+P(x=5)+P(X=6)+P(X=7)\\&=f(4)+f(5)+f(6)+f(7)\\&=\binom{10}{4}(0.25)^4(0.75)^6+\binom{10}{5}(0.25)^5(0.75)^5\\&\quad+\binom{10}{6}(0.25)^6(0.75)^4+\binom{10}{7}(0.25)^7(0.75)^3\end{aligned}$$

또는 $$\begin{aligned}P(4\leq X\leq 7)&=P(X\leq 7)-P(X\leq 3)\\&=0.9996-0.7759=0.2237\end{aligned}$$

(3) $$P(X=2)=\binom{10}{2}(0.25)^2(0.75)^8$$

또는 $$\begin{aligned}P(X=2)&=P(X\leq 2)-P(X\leq 1)\\&=0.5256-0.2440=0.2816\end{aligned}$$

정리 3 이항 분포의 적률생성함수

확률변수 X가 이항 분포를 따른다고 할 때, 즉 $X \sim B(n, p)$일 때, 다음의 적률생성함수를 갖는다.

$$M_X(t) = (pe^t + q)^n$$

증명

적률생성함수의 정의에 의하여 다음과 같이 전개된다.

$$M_X(t) = E(e^{tX}) = \sum_{x=0}^{n} e^{tx} f(x) = \sum_{x=0}^{n} \binom{n}{x} (p\,e^t)^x q^{n-x}$$

이항정리에 의하여 적률생성함수는 다음과 같이 정리된다.

$$M_X(t) = (pe^t + q)^n$$

정리 4 이항 분포의 기대값과 분산

확률변수 X가 이항 분포를 따른다고 할 때, 즉 $X \sim B(n, p)$일 때, 다음이 성립한다.

(1) $E(X) = np$

(2) $V(X) = npq$

증명

[정리 3]의 적률생성함수를 이용하여 다음을 계산하자.

(1) 기대값은 $E(X) = \left[M_X'(t)\right]_{t=0}$의 관계에 의하여 다음과 같이 전개된다.

$$E(X) = \left[M_X'(t)\right]_{t=0} = \left[n(pe^t + q)^{n-1} \cdot pe^t\right]_{t=0}$$

여기에서 $p+q=1$이므로, 결국 기대값은 다음과 같이 정리된다.

$$E(X) = np$$

(2) 분산은 $V(X) = \left[M_X''(t)\right]_{t=0} - \left(\left[M_X'(t)\right]_{t=0}\right)^2$이므로, 먼저 $\left[M_X''(t)\right]_{t=0}$을 구한다. 즉,

$$\begin{aligned}\left[M_X''(t)\right]_{t=0} &= \left[n(n-1)(pe^t + q)^{n-2}(pe^t)^2 + np(pe^t + q)^{n-1}e^t\right]_{t=0} \\ &= n(n-1)p^2 + np\end{aligned}$$

이므로, 분산은 다음과 같이 정리된다.

$$V(X) = \left[M_X''(t)\right]_{t=0} - \left(\left[M_X'(t)\right]_{t=0}\right)^2 = \left(n(n-1)\,p^2 + np\right) - (np)^2$$
$$= np(1-p) = npq$$

별 해

제3장의 이산형 확률변수의 기대값과 분산의 정의에 의하여 다음과 같이 전개된다.

(1) 확률변수 X가 이항 분포 $B(n, p)$를 따르므로, 확률변수 X의 확률질량함수는 다음과 같다.

$$f(x) = \binom{n}{x} p^x q^{n-x},\ x = 0, 1, 2, \cdots, n$$

그리고 기대값의 정의에 의하여 다음과 같이 전개된다.

$$\begin{aligned} E(X) &= \sum_{x=0}^{n} x \cdot f(x) \\ &= \sum_{x=0}^{n} x \cdot \binom{n}{x} p^x q^{n-x} \\ &= \sum_{x=0}^{n} x \cdot \frac{n!}{(n-x)!\,x!} p^x q^{n-x} \\ &= \sum_{x=1}^{n} \frac{n!}{(n-x)!\,(x-1)!} p^x q^{n-x} \\ &= np \sum_{x=1}^{n} \frac{(n-1)!}{\{(n-1)-(x-1)\}!\,(x-1)!} p^{x-1} q^{(n-1)-(x-1)} \\ &= np \cdot (p+q)^{n-1} \end{aligned}$$

여기에서 $p+q=1$이므로, 결국 기대값은 다음과 같이 정리된다.

$$E(X) = np$$

(2) 분산의 정의의 변형식 즉,

$$V(X) = E(X^2) - (E(X))^2 = \{E(X(X-1)) + E(X)\} - (E(X))^2$$

을 이용하기 위하여, 먼저 $E(X(X-1))$을 계산하자.

$$\begin{aligned} E(X(X-1)) &= \sum_{x=0}^{n} x(x-1) \cdot f(x) \\ &= \sum_{x=0}^{n} x(x-1) \cdot \binom{n}{x} p^x q^{n-x} \\ &= \sum_{x=0}^{n} x(x-1) \cdot \frac{n!}{(n-x)!\,x!} p^x q^{n-x} \\ &= \sum_{x=2}^{n} \frac{n!}{(n-x)!\,(x-2)!} p^x q^{n-x} \\ &= n(n-1)\,p^2 \sum_{x=2}^{n} \frac{(n-2)!}{\{(n-2)-(x-2)\}!\,(x-2)!} p^{x-2} q^{(n-2)-(x-2)} \\ &= n(n-1)p^2 \cdot (p+q)^{n-2} \end{aligned}$$

여기에서 $p+q=1$이므로, 결국 $E(X(X-1))$은 다음과 같이 정리된다.

$$E(X(X-1))=n(n-1)p^2$$

그리고 (1)에 의하여 $E(X)=np$임을 알았으므로, 이항 분포의 분산은 다음과 같이 정리된다.

$$\begin{aligned} V(X) &= \{E(X(X-1))+E(X)\}-(E(X))^2 \\ &= n(n-1)p^2+np-(np)^2 \\ &= np(1-p) \end{aligned}$$

여기에서 $1-p=q$이므로, 결국 분산은 다음과 같이 정리된다.

$$V(X)=npq$$

4.4 음이항 분포

정의 8 음이항 확률변수

성공할 확률이 p인 베르누이 시행을 독립적으로 반복하는 이항 시행에서 r번 성공하기까지 필요한 총 시행 횟수를 음이항 확률변수(negative binomial random variable)라고 한다.
총 x번의 베르누이 시행을 독립적으로 반복할 때, r번째의 성공이 일어날 확률은 처음부터 $(x-1)$번째의 시행에서는 $(r-1)$번의 성공과 $(x-r)$번의 실패가 일어나야 하고, 마지막 시행에서는 반드시 성공의 결과를 가져야하므로, 확률의 곱셈 정리에 의하여 다음의 확률분포로 정의된다.

정의 9 음이항 분포

확률변수 X가 다음과 같은 확률질량함수를 가질 때, X는 음이항 분포(negative binomial distribution)를 따른다고 한다.

$$f(x)=\binom{x-1}{r-1}p^r q^{x-r},\ x=r,\ r+1,\ r+2,\ \cdots$$

그리고 $X\sim NB(r,p)$라고 표기한다.

예제 6 앞면이 3회 나올 때까지 동전 던지기 실험을 반복한다. 다섯 번 실험을 할 때까지 앞면이 모두 세 번 나올 확률을 구하시오.

풀이 확률변수 X를 동전 던지기 실험의 총 횟수라고 한다면, 다음과 같은 음이항 분포를 갖는다.

$$f(x)=\binom{x-1}{3-1}\left(\frac{1}{2}\right)^3\left(\frac{1}{2}\right)^{x-3},\ x=3,\ 4,\ 5,\ \cdots \ \text{또는}\ X\sim NB\left(3,\ \frac{1}{2}\right)$$

앞면이 모두 세 번 나올 경우의 확률이므로, 최소한 3회 이상의 실험이 진행되어야 한다. 따라서 위의 분포를 이용하여 확률을 계산하면 다음과 같다.

$$\begin{aligned}P(3\le X\le 5)&=P(X=3)+P(X=4)+P(X=5)\\&=f(3)+f(4)+f(5)\\&=\binom{2}{2}\left(\frac{1}{2}\right)^3\left(\frac{1}{2}\right)^0+\binom{3}{2}\left(\frac{1}{2}\right)^3\left(\frac{1}{2}\right)^1+\binom{4}{2}\left(\frac{1}{2}\right)^3\left(\frac{1}{2}\right)^2=\frac{1}{2}\end{aligned}$$

앞의 예제와 비교하기 위하여 다음의 확률을 구해보자. 동전 던지기 실험을 다섯 번 반복할 때, 앞면이 세 번 나올 확률에 대하여 알아보자. 이 실험은 성공의 확률이 $\frac{1}{2}$인 두 가지 결과를 갖는 이항 시행이므로, 확률은 다음과 같다.

$$P(X=3)=f(3)=\binom{5}{3}\left(\frac{1}{2}\right)^3\left(\frac{1}{2}\right)^2=\frac{5}{16}$$

정리 5 음이항 분포의 적률생성함수

확률변수 X가 음이항 분포를 따른다고 할 때, 즉 $X\sim NB(r,\ p)$일 때, 다음의 적률생성함수를 갖는다.

$$M_X(t)=\left(\frac{pe^t}{1-qe^t}\right)^r \quad (\text{단, } t<-\ln q)$$

증 명

적률생성함수의 정의에 의하여 다음과 같이 전개된다.

$$M_X(t)=E(e^{tX})=\sum_{x=r}^{\infty}e^{tx}\cdot f(x)=\left(\frac{p}{q}\right)^r\cdot\sum_{x=r}^{\infty}\binom{x-1}{r-1}(q\,e^t)^{x-r}$$

여기에서 $x-r=y$로 치환하면, 다음과 같이 변형된다.

$$M_X(t)=(pe^t)^r\cdot\sum_{y=0}^{\infty}\binom{y+r-1}{r-1}(q\,e^t)^y=(pe^t)^r\cdot\sum_{y=0}^{\infty}\binom{y+r-1}{y}(q\,e^t)^y$$

그리고 $\sum_{k=0}^{\infty}\binom{n+k-1}{k}x^k=(1-x)^{-n}$의 매클로린 급수 전개를 이용하면, 다음과 같이 정리된다.

$$M_X(t)=(pe^t)^r\cdot\sum_{y=0}^{\infty}\binom{y+r-1}{y}(qe^t)^y=(pe^t)^r\cdot(1-qe^t)^{-r}=\left(\frac{pe^t}{1-qe^t}\right)^r$$

정리 6 음이항 분포의 기대값과 분산

확률변수 X가 음이항 분포를 따른다고 할 때, 즉 $X\sim NB(r,p)$일 때, 다음이 성립한다.

(1) $E(X)=\dfrac{r}{p}$

(2) $V(X)=\dfrac{qr}{p^2}$

증명

[정리 5]의 적률생성함수를 이용하여 다음을 계산하자.

(1) 기대값은 $E(X)=\left[M_X'(t)\right]_{t=0}$의 관계에 의하여 다음과 같이 전개된다.

$$E(X)=\left[M_X'(t)\right]_{t=0}=\left[\frac{r(pe^t)^r}{(1-qe^t)^{r+1}}\right]_{t=0}=\frac{r}{p}$$

(2) 분산은 $V(X)=\left[M_X''(t)\right]_{t=0}-\left(\left[M_X'(t)\right]_{t=0}\right)^2$이므로, 먼저 $\left[M_X''(t)\right]_{t=0}$을 구한다. 즉,

$$\left[M_X''(t)\right]_{t=0}=\left[\frac{r(pe^t)^r(r+qe^t)}{(1-qe^t)^{r+2}}\right]_{t=0}=\frac{(r+q)r}{p^2}$$

이므로, 분산은 다음과 같이 정리된다.

$$V(X)=\left[M_X''(t)\right]_{t=0}-\left(\left[M_X'(t)\right]_{t=0}\right)^2=\frac{(r+q)r}{p^2}-\left(\frac{r}{p}\right)^2=\frac{qr}{p^2}$$

4.5 기하 분포

정의 10 기하 확률변수

성공할 확률이 p인 베르누이 시행을 독립적으로 반복하는 이항 시행에서 처음으로 성공이 일어나기까지 필요한 총 시행 횟수를 기하 확률변수(geometric random variable)라고 한다.

총 x번의 베르누이 시행을 독립적으로 반복할 때, 처음부터 $(x-1)$번째의 시행에서는 실패의 결과만을 갖고, 마지막 시행인 x번째에서 성공이 발생하므로, 확률의 곱셈 정리에 의하여 다음의 확률분포로 정의된다. 또는 기하 분포는 $r=1$인 음이항 분포로도 정의된다.

정의 11 기하 분포

확률변수 X가 다음과 같은 확률질량함수를 가질 때, X는 기하 분포(geometric distribution) 또는 파스칼 분포(Pascal distribution)를 따른다고 한다.

$$f(x)=p(1-p)^{x-1},\ x=1,\ 2,\ 3,\ \cdots$$

그리고 $X \sim GEO(p)$라고 표기한다.

예제 7 어떤 제약회사에서는 약을 복용한 환자의 60%가 효과를 보았다고 선전한다. 이 약을 7번째 환자까지 복용하였을 때, 비로소 효과를 볼 확률을 구하시오.

풀이 확률변수 X를 약을 복용한 환자의 수라고 한다면, 다음과 같은 기하 분포를 갖는다.

$$f(x)=(0.6)\cdot(0.4)^{x-1},\ x=1,\ 2,\ 3,\ \cdots,\ 7 \text{ 또는 } X \sim GEO(0.6)$$

7번째 환자에서 비로소 성공의 결과가 나왔으므로, 확률은 다음과 같다.

$$P(X=7)=f(7)=(0.6)\cdot(0.4)^{7-1}=0.24576\times 10^{-2}$$

예제 8 주머니 안에 흰 공 a개와 검은 공 b개가 들어 있다. 검은 공이 나올 때까지 복원추출을 반복할 때, 다음의 확률을 구하시오.

(1) n번째에서 검은 공이 나올 확률

(2) 적어도 k회 복원추출 해야만 검은 공이 나올 확률

풀이 확률변수 X를 검은 공을 추출할 때까지 시행한 총 횟수라고 한다면, 다음과 같은 기하 분포를 갖는다.

$$f(x)=\left(\frac{b}{a+b}\right)\left(\frac{a}{a+b}\right)^{x-1},\ x=1,2,3,\cdots\ \text{또는}\ X\sim GEO\left(\frac{b}{a+b}\right)$$

위의 분포를 이용하여 각 확률을 계산하면 다음과 같다.

(1) $P(X=n)=\left(\frac{b}{a+b}\right)\left(\frac{a}{a+b}\right)^{n-1}=\frac{a^{n-1}b}{(a+b)^n}$

(2) $P(X\geq k)=P(X=k)+P(X=k+1)+P(X=k+2)+\cdots$

$$=\frac{a^{k-1}b}{(a+b)^k}+\frac{a^kb}{(a+b)^{k+1}}+\frac{a^{k+1}b}{(a+b)^{k+2}}+\cdots$$

$$=\frac{b}{(a+b)}\sum_{n=k}^{\infty}\left(\frac{a}{a+b}\right)^{n-1}=\left(\frac{a}{a+b}\right)^{k-1}$$

정리 7 기하 분포의 적률생성함수

확률변수 X가 기하 분포를 따른다고 할 때, 즉 $X\sim GEO(p)$일 때, 다음의 적률생성함수를 갖는다.

$$M_X(t)=\frac{pe^t}{1-qe^t},\ (\text{단},\ t<-\ln q)$$

증 명

적률생성함수의 정의에 의하여 다음과 같이 전개된다.

$$M_X(t)=E(e^{tX})=\sum_{x=1}^{\infty}e^{tx}\cdot f(x)=pq^{-1}\cdot\sum_{x=1}^{\infty}(qe^t)^x=\frac{pe^t}{1-qe^t}$$

또는 기하분포는 $r=1$인 음이항 분포이므로, 음이항 분포의 적률생성함수에 $r=1$을 대입해서도 같은 결과를 얻을 수 있다.

정리 8 기하 분포의 기대값과 분산

확률변수 X가 기하 분포를 따른다고 할 때, 즉 $X\sim GEO(p)$일 때, 다음이 성립한다.

(1) $E(X)=\frac{1}{p}$

(2) $V(X)=\frac{q}{p^2}$

증 명

[정리 7]의 적률생성함수를 이용하여 다음을 계산하자.

(1) 기대값은 $E(X)=\left[M_X'(t)\right]_{t=0}$의 관계에 의하여 다음과 같이 전개된다.

$$E(X)=\left[M_X'(t)\right]_{t=0}=\left[\frac{pe^t}{(1-qe^t)^2}\right]_{t=0}=\frac{1}{p}$$

또는 기하분포는 $r=1$인 음이항 분포이므로, 음이항 분포의 기대값에 $r=1$을 대입해서도 같은 결과를 얻을 수 있다.

(2) 분산은 $V(X)=\left[M_X''(t)\right]_{t=0}-\left(\left[M_X'(t)\right]_{t=0}\right)^2$이므로, 먼저 $\left[M_X''(t)\right]_{t=0}$을 구한다. 즉,

$$\left[M_X''(t)\right]_{t=0}=\left[\frac{pe^t+pq(e^t)^2}{(1-qe^t)^3}\right]_{t=0}=\frac{1+q}{p^2}$$

이므로, 분산은 다음과 같이 정리된다.

$$V(X)=\left[M_X''(t)\right]_{t=0}-\left(\left[M_X'(t)\right]_{t=0}\right)^2=\frac{1+q}{p^2}-\frac{1}{p^2}=\frac{q}{p^2}$$

또는 기하분포는 $r=1$인 음이항 분포이므로, 음이항 분포의 분산에 $r=1$을 대입해서도 같은 결과를 얻을 수 있다.

정리 9 기하 분포의 무기억성

확률변수 X가 기하 분포를 따른다고 할 때, 즉 $X\sim GEO(p)$일 때, 임의의 양의 정수 n, k에 대하여 성립하는 다음의 성질을 기하 분포의 무기억성(nomemory property)이라고 한다.

$$P(X=n+k\,|\,X>n)=P(X=k)$$

증 명

기하 분포에 대한 조건부 확률의 정의를 이용하여 다음과 같이 전개된다.

$$\begin{aligned}P(X=n+k\,|\,X>n)&=\frac{P(X=n+k\,,\,X>n)}{P(X>n)}\\&=\frac{P(X=n+k)}{P(X>n)}\\&=\frac{pq^{n+k-1}}{\sum_{x=n+1}^{\infty}pq^{x-1}}\end{aligned}$$

위의 조건부 확률은 무한급수의 전개에 의하여 다음과 같이 정리된다.

$$P(X=n+k \mid X>n)=\frac{pq^{n+k}}{\frac{pq^n}{1-q}}=pq^{k-1}=P(X=k)$$

기하 분포의 무기억성은 n회 성공하지 못했다는 가정 하에 $n+k$번째에서 처음으로 성공할 확률은 첫 번째 시행부터 시작하여 k번째 만에 처음으로 성공할 확률과 같다는 것을 의미한다. 즉, 이 성질은 과거의 확률에 대한 이력이 앞으로 일어날 시행의 결과에 영향을 미치지 않는다는 것을 의미한다.

예제 9 어떤 할인 마트에서는 매일 추첨을 하여 경품을 제공한다고 한다. 매번 경품에 당첨될 확률은 0.01이라고 할 때, 한 사람이 열 번 추첨에 참가하였으나 한 번도 경품을 타지 못하였다. 그 사람이 열한 번째에 경품을 받게 될 확률을 구하시오.

풀이 경품의 추첨 결과는 당첨이거나 탈락 두 가지이므로, 매번의 시행은 성공의 확률이 0.01인 베르누이 시행이다. 따라서 처음 당첨될 때까지의 시도해야 하는 시행 횟수는 기하 분포를 따른다. 기하 분포의 특성에 의하여 열 번째까지 실패한 결과는 다음번 시행에 영향을 미치지 않는다. 그러므로 열 번째 이후에서 경품을 받게 될 확률은 어느 때든지 변함없이 0.01이다. 즉, 기하 분포의 무기억성에 의하여 다음과 같이 확률을 구한다.

$$P(X=10+k \mid X>10)=P(X=1)=0.01$$

4.6 초기하 분포

정의 12 초기하 확률변수

전체 N개의 원소 중에 특정한 속성을 갖는 개체수가 M개가 있다고 하자. 이 중에서 n개를 비복원 추출할 때, n개의 원소 중에 포함되어 있는 특정한 속성을 갖는 개체의 수를 초기하 확률변수(hypergeometric random variable)라고 한다.

초기하 분포는 비복원 추출된 n개의 원소 중에 포함된 특정한 속성의 개수 x개에 대한 경우의 수를 이용하여 정의할 수 있다. 비복원 추출에 대한 경우의 수이므로, 조합을 이용하여 분포를 찾을 수 있다.

정의 13 초기하 분포

확률변수 X가 다음과 같은 확률질량함수를 가질 때, X는 초기하 분포(hypergeometric distribution)를 따른다고 한다.

$$f(x)=\frac{\binom{M}{x}\binom{N-M}{n-x}}{\binom{N}{n}},\ \max\{0, n-N+M\}\le x\le \min\{n, M\}$$

그리고 $X\sim HYP(n, M, N)$라고 표기한다.

예제10 상자 안에 6개의 흰 공과 4개의 검은 공이 들어 있다. 이때, 5개를 비복원 추출할 때, 3개의 흰 공이 포함되어 있을 확률을 구하시오.

풀이 확률변수 X를 추출된 흰 공의 개수라고 한다면, 다음과 같은 초기하 분포를 갖는다.

$$f(x)=\frac{\binom{6}{x}\binom{10-6}{5-x}}{\binom{10}{5}},\ x=0, 1, 2, \cdots, 5 \text{ 또는 } X\sim HYP(5, 6, 10)$$

그러므로 확률은 다음과 같다.

$$P(X=3)=f(3)=\frac{\binom{6}{3}\binom{4}{2}}{\binom{10}{5}}=\frac{120}{252}$$

정리 10 초기하 분포의 기대값과 분산

확률변수 X가 초기하 분포를 따른다고 할 때 즉, $X\sim HYP(n, M, N)$일 때, 다음이 성립한다.

(1) $E(X)=\dfrac{nM}{N}$

(2) $V(X)=\dfrac{nM(N-M)(N-n)}{N^2(N-1)}$

증 명

(1) 기대값의 정의에 의하여 다음과 같이 전개된다.

$$E(X)=\sum_{x=0}^{\min\{n,m\}} x\cdot f(x)=\frac{M}{\binom{N}{n}}\cdot\sum_{x=1}^{\min\{n,m\}}\binom{M-1}{x-1}\binom{(N-1)-(M-1)}{(n-1)-(x-1)}$$

여기에서 보통 $\min\{n,m\}=n$으로 결정되므로,

$\sum_{k=0}^{r}\binom{n}{k}\binom{m}{r-k}=\binom{n+m}{r}$의 급수 전개에 의하여 다음과 정리된다.

$$E(X)=\frac{M}{\binom{N}{n}}\cdot\binom{N-1}{n-1}=\frac{nM}{N}$$

(2) 다음의 분산의 변형된 식을 이용한다.

$$V(X)=E(X(X-1))+E(X)-(E(X))^2$$

첫 번째 항의 기대값은 다음과 같이 계산된다.

$$\begin{aligned}E(X(X-1))&=\sum_{x=0}^{\min\{n,M\}} x(x-1)f(x)\\&=\frac{M(M-1)}{\binom{N}{n}}\cdot\sum_{x=1}^{\min\{n,M\}}\binom{M-2}{x-2}\binom{(N-2)-(M-2)}{(n-2)-(x-2)}\end{aligned}$$

여기에서도 (1)의 과정과 마찬가지로 급수 전개를 이용하면, 다음과 같이 전개된다.

$$E(X(X-1))=\frac{M(M-1)}{\binom{N}{n}}\cdot\binom{N-2}{n-2}=\frac{n(n-1)M(M-1)}{N(N-1)}$$

그러므로 분산은 다음과 같이 정리된다.

$$\begin{aligned}V(X)&=E(X(X-1))+E(X)-(E(X))^2\\&=\frac{n(n-1)M(M-1)}{N(N-1)}+\frac{nM}{N}-\left(\frac{nM}{N}\right)^2\\&=\frac{nM(N-M)(N-n)}{N^2(N-1)}\end{aligned}$$

정리 11 초기하 분포의 이항 근사

확률변수 X가 초기하 분포를 따른다고 할 때, 즉 $X\sim HYP(n,M,N)$일 때, $M\to\infty$이고 $N\to\infty$이고 $\frac{M}{N}=p$이면, 확률변수 X는 이항 분포로 근사된다. 즉, $X\sim B(n,p)$이다.

예제 11 선풍기를 생산하는 공장에서 대리점에 보낸 5000개의 선풍기 중 1000개가 약간의 결함이 있는 것으로 발견되었다. 만일 어떤 사람이 이 대리점에서 무작위로 10개를 구입할 때, 3개의 선풍기에 결함이 있을 정확한 확률과 근사 확률을 구하시오.

풀이 확률변수 X를 구입한 선풍기에 포함된 불량품의 개수라고 한다면, 다음과 같은 초기하 분포를 갖는다.

$$f(x) = \frac{\binom{1000}{x}\binom{5000-1000}{10-x}}{\binom{5000}{10}}, \quad x = 0, 1, 2, \cdots, 10$$

또는 $X \sim HYP(10, 1000, 5000)$

그러므로 정확한 확률은 다음과 같다.

$$P(X=3) = f(3) = \frac{\binom{1000}{3}\binom{4000}{7}}{\binom{5000}{10}}$$

위의 결과가 복잡하고 M과 N이 1000과 5000으로 충분히 큰 경우이므로, 이항 분포로 근사된 확률을 구한다. 즉, 확률변수 X는 $n=10$이고, $p=\frac{M}{N}=0.2$인 이항 분포를 갖는다.

$$f(x) = \binom{10}{x}(0.2)^x(0.8)^{10-x}, \quad x = 0, 1, 2, \cdots, 10 \quad \text{또는} \quad X \sim B(10, 0.2)$$

따라서 부록의 누적 이항 분포표를 이용하여 쉽게 확률을 구한다.

$$P(X=3) = P(X \le 3) - P(X \le 2) = 0.879 - 0.678 = 0.201$$

4.7 포아송 분포

정의 14 포아송 확률변수

확률 실험에서 일정한 단위 내에서 발생하는 사건의 수를 포아송 확률변수(Possion random variable)라고 한다.

예제 12 다음의 사건들은 포아송 확률변수이다.

(1) 어떤 도시에서 특정한 시간 $(0, t)$ 내에 발생하는 교통사고의 건수
(2) 어떤 백화점에 특정한 시간 $(0, t)$ 내에 도착하는 고객의 수
(3) 어떤 책의 한 페이지 안에 나타나는 오타의 수
(4) 어떤 공장에서 생산되는 생산품의 한 상자 안에 들어 있는 불량품의 개수

정의 15 포아송 분포

확률변수 X가 다음과 같은 확률질량함수를 가질 때, X는 포아송 분포(Poisson distribution)를 따른다고 한다.

$$f(x) = \frac{e^{-\lambda} \cdot \lambda^x}{x!}, \ \lambda > 0, \ x = 0, 1, 2, \cdots$$

그리고 $X \sim POI(\lambda)$라고 표기한다.

예제 13 한 도시에서 하루 동안 평균 3건의 교통사고가 발생한다. 이 도시에서 하루 동안 발생하는 교통사고의 건수를 확률변수 X라고 할 때, 정확히 4번의 교통사고가 발생할 확률을 구하시오.

풀이 확률변수 X를 하루 동안 발생하는 교통사고의 건수라고 한다면, 다음과 같은 포아송 분포를 갖는다.

$$f(x) = \frac{e^{-3} \cdot 3^x}{x!}, \ x = 0, 1, 2, \cdots \text{ 또는 } X \sim POI(3)$$

그러므로 확률은 다음과 같다.

$$P(X=4) = f(4) = \frac{e^{-3} \cdot 3^4}{4!} = 0.166$$

정리 12 포아송 분포의 적률생성함수

확률변수 X가 포아송 분포를 따른다고 할 때, 즉 $X \sim POI(\lambda)$일 때, 다음의 적률생성함수를 갖는다.

$$M_X(t) = e^{\lambda(e^t - 1)}$$

증 명

적률생성함수의 정의에 의하여 다음과 같이 전개된다.

$$M_X(t)=E(e^{tX})=\sum_{x=0}^{\infty}e^{tx}\cdot f(x)=e^{-\lambda}\cdot\sum_{x=0}^{\infty}\frac{(\lambda e^t)^x}{x!}$$

여기에서 $\sum_{x=0}^{\infty}\frac{\lambda^x}{x!}=e^{\lambda}$의 Maclaurin 급수 전개에 의하여 다음과 같이 정리된다.

$$M_X(t)=e^{-\lambda}\cdot\sum_{x=0}^{\infty}\frac{(\lambda e^t)^x}{x!}=e^{-\lambda}\cdot e^{\lambda e^t}=e^{\lambda(e^t-1)}$$

정리 13 포아송 분포의 기대값과 분산

확률변수 X가 기하 분포를 따른다고 할 때, 즉 $X\sim POI(\lambda)$일 때, 다음이 성립한다.

(1) $E(X)=\lambda$

(2) $V(X)=\lambda$

증 명

[정리 12]의 적률생성함수를 이용하여 다음을 계산하자.

(1) 기대값은 $E(X)=\left[M_X'(t)\right]_{t=0}$의 관계에 의하여 다음과 같이 전개된다.

$$E(X)=\left[M_X'(t)\right]_{t=0}=\left[\lambda e^t\cdot e^{\lambda(e^t-1)}\right]_{t=0}=\lambda$$

(2) 분산은 $V(X)=\left[M_X''(t)\right]_{t=0}-\left(\left[M_X'(t)\right]_{t=0}\right)^2$이므로, 먼저 $\left[M_X''(t)\right]_{t=0}$을 구한다. 즉,

$$\left[M_X''(t)\right]_{t=0}=\left[(\lambda e^t)^2\cdot e^{\lambda(e^t-1)}+\lambda e^t\cdot e^{\lambda(e^t-1)}\right]_{t=0}=\lambda^2+\lambda$$

이므로, 분산은 다음과 같이 정리된다.

$$V(X)=\left[M_X''(t)\right]_{t=0}-\left(\left[M_X'(t)\right]_{t=0}\right)^2=(\lambda^2+\lambda)-\lambda^2=\lambda$$

정리 14 이항 분포의 포아송 근사

확률변수 X가 이항 분포를 따른다고 할 때, 즉 $n\to\infty$인 $X\sim B(n,p)$일 때, 확률변수 X는 $\lambda=np$인 포아송 분포로 근사된다. 즉, $X\sim POI(\lambda)$이다.

예제14 어떤 회사에서 생산되는 고무줄의 1km에 정확히 하나의 흠이 있을 확률은 0.001이다. 실제로 2개 이상의 흠이 있을 확률은 0이라 한다. 겹치지 않은 구간에서 흠의 개수가 확률적으로 독립이라 가정하면, 3000km의 고무줄에 정확하게 5개의 흠이 있을 확률을 구하시오.

풀이 확률변수 X를 생산된 고무줄에 포함된 흠의 개수라고 한다면, 다음과 같은 이항 분포를 갖는다.

$$f(x) = \binom{3000}{x}(0.001)^x \cdot (0.999)^{3000-x},\ x = 0,\ 1,\ 2,\ \cdots,\ 300$$

또는 $X \sim B(3000, 0.001)$

그러므로 정확한 확률은 다음과 같다.

$$P(X=5) = f(5) = \binom{3000}{5}(0.001)^5 \cdot (0.999)^{2995}$$

위의 결과가 복잡하고, n이 3000으로 충분히 큰 경우이므로, 포아송 분포로 근사된 확률을 구한다. 즉, 확률변수 X는 $\lambda = np = 3$인 포아송 분포를 갖는다.

$$f(x) = \frac{e^{-3} \cdot 3^x}{x!},\ x = 0,\ 1,\ 2,\ \cdots \quad \text{또는}\quad X \sim POI(3)$$

따라서 위의 근사된 포아송 분포에 의하여 확률은 다음과 같이 구해진다.

$$P(X=5) = f(5) = \frac{e^{-3} \cdot 3^5}{5!} = 0.1029$$

또는 부록의 포아송 분포표를 이용하여 쉽게 확률을 구한다.

$$P(X=5) = P(X \le 5) - P(X \le 4) = 0.9161 - 0.8153 = 0.1008$$

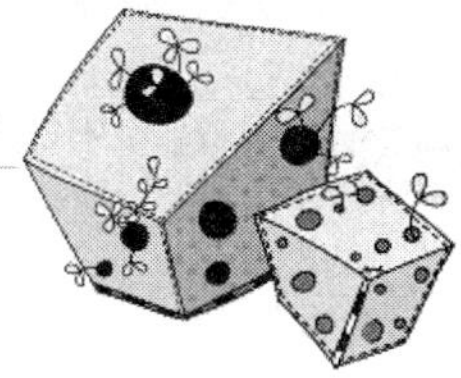

연습문제

1. 공정한 주사위를 5회 던진다고 할 때, 확률변수 X를 1의 눈이 나오는 횟수라고 하자. 이때 X의 확률질량함수를 구하시오.

2. 여러 개의 엔진을 장착한 비행기가 비행 중에 어느 하나의 엔진이 고장 날 확률이 p라고 한다. 장착한 엔진 가운데 반 이상이 정상이면 비행에는 지장이 없다고 할 때, 다음 물음에 답하시오.

(1) 4개의 엔진을 장착한 비행기가 정상 운항할 확률을 p로 나타내시오.

(2) 4개의 엔진을 장착한 비행기가 2개의 엔진을 장착한 비행기보다 더 안전할 p의 범위를 구하시오.

3. 확률변수 X가 $B(n, p)$일 때, $E\left(\frac{X}{n}\right)=p$이고, $E\left(\left(\frac{X}{n}-p\right)^2\right)=\frac{p(1-p)}{n}$임을 보이시오.

4. 긴 원고에서 오직 13.5%의 타이핑 오류가 있음을 알게 되었다. 면당 오류의 개수는 포아송 분포를 갖는 확률변수라고 가정할 때, 정확하게 한 면에 하나의 오류가 있을 확률을 구하시오.

5. 다음의 확률함수 $f(x)$는 음이 아닌 정수에서만 양의 값을 갖는다고 한다. $f(x)$를 구하시오.

$$f(x)=\frac{4}{x}f(x-1),\ x=1, 2, \cdots$$

6. 52장의 카드에서 비복원으로 5장을 뽑는다. 다음 사건의 확률을 구하시오.

(1) 에이스가 두 장인 사건

(2) 킹이 두 장인 사건

(3) 에이스가 한 장 이하인 사건

(4) 에이스가 적어도 두 장인 사건

7. 공정한 주사위를 독립적으로 던지는 실험을 한다. 다음을 구하시오.

(1) 3번째 던질 때, 6의 눈이 처음으로 나올 확률

(2) 6의 눈이 4번 나올 때까지 7번 주사위를 던질 확률

8. 어떤 회사에서 생산된 제품의 불량률이 0.01이라고 한다. 그 회사의 생산라인에서 100개를 추출할 때, 3개의 불량품이 나올 확률을 구하시오.

9. 흰 공 3개와 검은 공 3개가 들어 있는 상자에서 1개씩의 공을 계속해서 복원 추출한다. 처음 뽑은 4개의 공중에서 정확히 2개가 흰 공일 확률을 구하시오.

10. 어떤 사람이 표적을 향해 4발의 화살을 쏘는 실험을 한다. 화살이 과녁을 맞히면 S로, 맞히지 못하면 F로 표시한다. 성공할 확률을 p라 할 때, 성공 횟수에 대한 확률을 구하시오.

11. 어느 공장에서 생산되는 제품의 5%가 불량품이라고 한다. 제품을 무작위로 20개 선택했을 때, 3개의 불량품이 포함되어 있을 확률을 구하시오.

12. 신장 수술을 받은 환자가 회복할 수 있는 확률은 0.6이라고 알려져 있다. 6명의 환자가 수술 받았다고 할 때, 다음을 구하시오.

(1) 회복한 사람이 한 사람도 없을 확률

(2) 모두 회복할 확률

(3) 반이 회복할 확률

(4) 적어도 반 이상이 회복할 확률

13. 어느 항공사에서 항공권을 예약한 승객 중 10%가 도중에 예약을 취소한다고 조사되었다. 어버이날 항공권을 예약한 승객이 1000명이라면, 이 중 몇 명이 예약을 취소한다고 기대되는지 구하시오.

14. A와 B팀이 연속해서 경기를 벌인다. A팀이 승리할 확률이 0.4라고 할 때, 5번

의 경기에서 3번째 우승을 할 확률을 구하시오.

15. 어떤 생물학자가 파리의 눈 색깔을 조사하고 있다. 각각의 파리가 흰 눈을 가지고 있을 확률은 0.25이고, 빨간 눈을 가지고 있을 확률은 0.75라고 한다. 파리의 눈 색깔을 검사하는데, 세 마리째의 흰 눈 파리가 관측될 때까지 빨간 눈 파리를 10마리 관측하였을 확률을 구하시오.

16. 어떤 생물학자가 파리의 눈 색깔을 조사하고 있다. 각각의 파리가 흰 눈을 가지고 있을 확률은 0.25이고, 빨간 눈을 가지고 있을 확률은 0.75라고 한다. 흰 눈 파리를 11번째에서 처음으로 관측하게 될 확률을 구하시오.

17. 자동차 운전면허 시험에서 합격할 확률이 0.3이라고 한다. 다음을 구하시오.

(1) 3번 만에 비로소 합격할 확률

(2) 2번 이내에 합격할 확률

18. 검은 공 2개, 흰 공 3개가 들어 있는 주머니에서 3개를 비복원추출한다. 이때, X를 3개중에 속한 검은 공의 개수라고 할 때, X가 가질 수 있는 값과 확률 질량함수를 구하시오.

19. 어떤 전구 제조업체에서 생산된 전구의 2%가 불량품이라고 한다. 이 전구의 100개들이 상자에 많아야 3개의 불량전구가 들어 있을 확률을 구하시오.

20. 1피트의 전선에 하나의 흠이 있을 확률은 0.01이라고 한다. 겹치지 않은 구간에서 흠의 개수가 확률적으로 독립이라고 할 때, 300피트의 전선에 5개의 흠이 있을 확률을 구하시오.

CHAyPTER

5

연속 확률분포

5.1 서론

제2장에서는 연속 확률변수와 그에 대응하는 확률분포인 확률밀도함수에 대한 정의를 살펴보았다. 이 장에서는 연속 확률분포의 구체적인 종류에 대한 정의와 성질에 대하여 알아본다.

정의 1 연속 확률분포 (continuous probability distribution)

확률변수의 치역이 실수의 구간으로 나타나는 경우로 대응된 함수값의 개수를 셀 수 없는 확률변수를 연속 확률변수(continuous random variable)라 하고, 연속 확률변수가 취하는 값에 확률밀도를 대응시킨 함수를 연속 확률분포 또는 확률밀도함수(probability density function)라고 한다.

5.2 균등 분포

정의 2 균등 확률변수

임의의 구간 $[a, b]$에서 확률변수 X가 동일한 확률을 갖는 확률변수를 균등 확률변수(uniform random variable)라고 한다.

정의 3 균등 분포

확률변수 X가 다음과 같은 확률밀도함수를 가질 때, X는 균등 분포(uniform distribution)를 따른다고 한다.

$$f(x) = \begin{cases} \dfrac{1}{b-a}, & a \le x \le b, \\ 0 & , otherwise \end{cases}$$

그리고 $X \sim U(a, b)$라고 표기한다.

정리 1 균등 분포의 적률생성함수

확률변수 X가 구간 $[a, b]$에서의 균등 분포를 따른다고 할 때, 즉 $X \sim U(a, b)$일 때, 다음의 적률생성함수를 갖는다.

$$M_X(t) = \frac{e^{bt} - e^{at}}{(b-a)t}$$

증 명

적률생성함수의 정의에 의하여 다음과 같이 전개된다.

$$M_X(t) = E(e^{tX}) = \int_a^b e^{tx} \cdot f(x)\, dx = \frac{1}{b-a}\int_a^b e^{tx}\, dx = \frac{e^{bt} - e^{at}}{(b-a)t}$$

정리 2 균등 분포의 기대값과 분산

확률변수 X가 구간 $[a, b]$에서의 균등 분포를 따른다고 할 때, 즉 $X \sim U(a, b)$일 때, 다음이 성립한다.

(1) $E(X) = \dfrac{a+b}{2}$

(2) $V(X) = \dfrac{(b-a)^2}{12}$

증 명

(1) 기대값의 정의에 의하여 다음과 같이 전개된다.

$$E(X) = \int_a^b x \cdot f(x)\, dx = \frac{1}{b-a}\int_a^b x\, dx = \frac{a+b}{2}$$

(2) 분산은 $V(X) = E(X^2) - (E(X))^2$이므로, 먼저 $E(X^2)$을 계산한다.

$$E(X^2) = \int_a^b x^2 \cdot f(x)\,dx = \frac{1}{b-a}\int_a^b x^2\,dx = \frac{a^2+ab+b^2}{3}$$

이므로, 분산은 다음과 같이 정리된다.

$$V(X) = E(X^2) - (E(X))^2 = \frac{a^2+ab+b^2}{3} - \left(\frac{a+b}{2}\right)^2 = \frac{(b-a)^2}{12}$$

5.3 지수 분포

이산형 확률분포의 종류인 포아송 분포는 일정한 시간이나 구간 안에서 특별한 사건이 발생하는 횟수에 대한 분포였다. 이와 같은 상황에서 관심의 대상이 되는 특별한 사건이 처음 발생할 때까지 기다리는 시간에 대한 확률변수의 분포를 지수 분포라고 정의한다.

정의 4 지수 분포

확률변수 X가 다음과 같은 확률밀도함수를 가질 때, X는 지수 분포(exponential distribution)를 따른다고 한다.

$$f(x) = \begin{cases} \lambda e^{-\lambda x}, & \lambda > 0,\ x \geq 0, \\ 0 & , otherwise \end{cases}$$

그리고 $X \sim EXP(\lambda)$라고 표기한다.

참고로 지수 분포는 저자에 따라 다음과 같이 표시하기도 한다.

$$f(x) = \frac{1}{\lambda} e^{-\frac{x}{\lambda}},\ \lambda > 0,\ x > 0$$

예제 1 어떤 공중전화 부스에서 다음 사람이 전화를 걸기 위하여 기다리는 시간이 $\lambda = \frac{1}{10}$인 지수 분포를 따른다고 한다. 어떤 사람이 공중전화 부스에 도착한 후 10분 이상 기다리게 될 확률을 구하시오.

풀이 확률변수 X를 기다리는 시간이라고 한다면, 다음과 같은 지수 분포를 갖는다.

$$f(x) = \begin{cases} \frac{1}{10} e^{-\frac{1}{10}x}, & x \geq 0, \\ 0 & , otherwise \end{cases} \quad \text{또는 } X \sim EXP\left(\frac{1}{10}\right)$$

위의 분포를 이용하여 확률을 계산하면 다음과 같다.

$$P(X \geq 10) = \int_{10}^{\infty} f(x)\, dx = \frac{1}{10}\int_{10}^{\infty} e^{-\frac{1}{10}x}\, dx = e^{-1}$$

정리 3 지수 분포의 적률생성함수

확률변수 X가 지수 분포를 따른다고 할 때, 즉 $X \sim EXP(\lambda)$일 때, 다음의 적률생성함수를 갖는다.

$$M_X(t) = \frac{\lambda}{\lambda - t}, \text{ (단, } t < \lambda)$$

증 명

적률생성함수의 정의에 의하여 다음과 같이 전개된다.

$$M_X(t) = E(e^{tX}) = \int_0^{\infty} e^{tx} \cdot f(x)\, dx = \lambda \int_0^{\infty} e^{-(\lambda - t)x}\, dx = \frac{\lambda}{\lambda - t}$$

정리 4 지수 분포의 기대값과 분산

확률변수 X가 지수 분포를 따른다고 할 때, 즉 $X \sim EXP(\lambda)$일 때, 다음이 성립한다.

(1) $E(X) = \frac{1}{\lambda}$

(2) $V(X) = \frac{1}{\lambda^2}$

증 명

[정리 3]의 적률생성함수를 이용하여 다음을 계산하자.

(1) 기대값은 $E(X) = \left[M_X'(t)\right]_{t=0}$의 관계에 의하여 다음과 같이 전개된다.

$$E(X) = \left[M_X'(t)\right]_{t=0} = \left[\frac{\lambda}{(\lambda - t)^2}\right]_{t=0} = \frac{1}{\lambda}$$

(2) 분산은 $V(X) = \left[M_X''(t)\right]_{t=0} - \left(\left[M_X'(t)\right]_{t=0}\right)^2$이므로, 먼저 $\left[M_X''(t)\right]_{t=0}$을 구한다. 즉,

$$\left[M_X''(t)\right]_{t=0} = \left[\frac{2\lambda}{(\lambda-t)^3}\right]_{t=0} = \frac{2}{\lambda^2}$$

이므로, 분산은 다음과 같이 정리된다.

$$V(X) = \left[M_X''(t)\right]_{t=0} - \left(\left[M_X'(t)\right]_{t=0}\right)^2 = \frac{2}{\lambda^2} - \left(\frac{1}{\lambda}\right)^2 = \frac{1}{\lambda^2}$$

정리 5 지수 분포의 무기억성

확률변수 X가 지수 분포를 따른다고 할 때, 즉 $X \sim EXP(\lambda)$일 때, 성립하는 다음의 성질을 지수 분포의 무기억성(nomemory property or memoryless)이라고 한다.

$$P(X > s+t \mid X > t) = P(X > s)$$

증명

지수 분포에 대한 조건부 확률의 정의를 이용하여 다음과 같이 전개된다.

$$\begin{aligned} P(X > s+t \mid X > t) &= \frac{P(X > s+t,\ X > t)}{P(X > t)} \\ &= \frac{P(X > s+t)}{P(X > t)} \\ &= \frac{1 - P(X \le s+t)}{1 - P(X \le t)} \\ &= \frac{1 - F(s+t)}{1 - F(t)} \end{aligned}$$

지수 분포의 누적분포함수가 $F(x) = 1 - e^{-\lambda x}$이므로, 위의 조건부 확률은 다음과 같아져서 위의 정리가 만족됨을 알 수 있다.

$$P(X > s+t \mid X > t) = e^{-\lambda s} = 1 - F(s) = P(X > s)$$

주로 수명이나 시간에 사용되는 확률분포는 지수 분포이다. 위의 성질은 이산 확률분포 중에서 기하 분포와 동일한 성질이다. 예를 들어, 전구를 이미 t시간 넘게 사용한 후 s시간 넘게 사용할 수 있는 확률은 전구를 처음부터 s시간 넘게 사용할 확률과

같다. 이미 t시간 사용한 시간은 기억을 못한다는 성질이다.

예제 2 어떤 자동차의 배터리는 평균 100시간인 지수 분포를 따른다고 한다. 한 사람이 50시간 이상이 걸리는 장거리 여행을 하기 위하여 중고차 한 대를 구입하였다. 이 사람이 배터리의 교체 없이 여행을 마칠 확률을 구하시오.

풀이 확률변수 X는 다음과 같은 지수 분포를 갖는다.

$$f(x)=\begin{cases}\frac{1}{100}e^{-\frac{1}{100}x}, & x\ge 0,\\ 0 & , otherwise\end{cases} \quad \text{또는 } X\sim EXP\left(\frac{1}{100}\right)$$

이 사람이 중고차를 구입하기 전에 사용된 배터리의 시간을 t라고 하면, 지수 분포의 무기억성에 의하여 구입 전의 사용된 시간은 무시하게 되므로, 다음과 같은 확률을 갖는다.

$$P(X>t+50\,|\,X>t)=P(X>50)=\int_{50}^{\infty}f(x)\,dx$$

$$=\int_{50}^{\infty}\frac{1}{100}e^{-\frac{1}{100}x}\,dx=e^{-\frac{1}{2}}$$

5.4 정규 분포

연속 확률분포 중 가장 중요한 분포인 정규 분포는 독일의 수학자 가우스(Gauss)에 의하여 처음 소개되었다. 정규 분포는 이산 확률분포인 이항 분포의 근사 확률 계산에 주로 사용된다.

정의 5 정규 분포

확률변수 X가 다음과 같은 확률밀도함수를 가질 때, X는 정규 분포(nomal distribution)를 따른다고 한다.

$$f(x)=\begin{cases}\frac{1}{\sqrt{2\pi}\,\sigma}e^{-\frac{(x-\mu)^2}{2\sigma^2}}, & -\infty<x<\infty,\\ 0 & , otherwise\end{cases}$$

그리고 $X\sim N(\mu,\sigma^2)$라고 표기한다.

위의 정규 분포에 대하여, 특별히 $\mu=0$이고, $\sigma^2=1$인 정규 분포를 표준 정규 분포라고 정의한다.

정의 6 표준 정규 분포

확률변수 X가 다음과 같은 확률밀도함수를 가질 때, X는 표준 정규 분포(standard normal distribution)를 따른다고 한다.

$$f(x)=\begin{cases}\dfrac{1}{\sqrt{2\pi}}e^{-\frac{x^2}{2}}, & -\infty<x<\infty, \\ 0 & , otherwise\end{cases}$$

그리고 $X \sim N(0,1)$라고 표기한다.

정리 6 정규 분포의 적률생성함수

확률변수 X가 정규 분포를 따른다고 할 때, 즉 $X \sim N(\mu, \sigma^2)$일 때, 다음의 적률생성함수를 갖는다.

$$M_X(t)=e^{\mu t+\frac{1}{2}\sigma^2 t^2}$$

증명

적률생성함수의 정의에 의하여 다음과 같이 전개된다.

$$\begin{aligned} M_X(t)=E(e^{tX}) &= \int_{-\infty}^{\infty} e^{tx}\cdot f(x)\,dx \\ &= \frac{1}{\sqrt{2\pi}\,\sigma}\int_{-\infty}^{\infty} e^{tx}\cdot e^{-\frac{(x-\mu)^2}{2\sigma^2}}\,dx \\ &= \frac{e^{\mu t+\frac{1}{2}\sigma^2 t^2}}{\sqrt{2\pi}\,\sigma}\int_{-\infty}^{\infty} e^{-\frac{(x-\mu-\sigma^2 t)^2}{2\sigma^2}}\,dx \end{aligned}$$

여기에서 $\dfrac{(x-\mu-\sigma^2 t)}{\sqrt{2}\,\sigma}=y$로 치환하면, 다음과 같이 변형된다.

$$M_X(t)=\frac{e^{\mu t+\frac{1}{2}\sigma^2 t^2}}{\sqrt{\pi}}\int_{-\infty}^{\infty} e^{-y^2}\,dy$$

그리고 $\int_{-\infty}^{\infty} e^{-y^2}\,dy=\sqrt{\pi}$가 되는 표준 정규 분포의 성질에 의하여, 다음과 같이 정리된다.

$$M_X(t)=e^{\mu t+\frac{1}{2}\sigma^2 t^2}$$

정리 7 정규 분포의 기대값과 분산

확률변수 X가 정규 분포를 따른다고 할 때, 즉 $X \sim N(\mu, \sigma^2)$일 때, 다음이 성립한다.

(1) $E(X) = \mu$

(2) $V(X) = \sigma^2$

증 명

[정리 6]의 적률생성함수를 이용하여 다음을 계산하자.

(1) 기대값은 $E(X) = \left[M_X'(t)\right]_{t=0}$의 관계에 의하여 다음과 같이 전개된다.

$$E(X) = \left[M_X'(t)\right]_{t=0} = \left[(\mu + \sigma^2 t) \cdot e^{\mu t + \frac{1}{2}\sigma^2 t^2}\right]_{t=0} = \mu$$

(2) 분산은 $V(X) = \left[M_X''(t)\right]_{t=0} - \left(\left[M_X'(t)\right]_{t=0}\right)^2$이므로, 먼저 $\left[M_X''(t)\right]_{t=0}$을 구한다. 즉,

$$\left[M_X''(t)\right]_{t=0} = \left[(\mu + \sigma^2 t)^2 \cdot e^{\mu t + \frac{1}{2}\sigma^2 t^2} + \sigma^2 \cdot e^{\mu t + \frac{1}{2}\sigma^2 t^2}\right]_{t=0} = \mu^2 + \sigma^2$$

이므로, 분산은 다음과 같이 정리된다.

$$V(X) = \left[M_X''(t)\right]_{t=0} - \left(\left[M_X'(t)\right]_{t=0}\right)^2 = (\mu^2 + \sigma^2) - \mu^2 = \sigma^2$$

정리 8 표준 정규 분포의 적률생성함수

확률변수 X가 표준 정규 분포를 따른다고 할 때, 즉 $X \sim N(0, 1)$일 때, 다음의 적률생성함수를 갖는다.

$$M_X(t) = e^{\frac{1}{2}t^2}$$

증 명

표준 정규 분포는 $\mu = 0$이고, $\sigma^2 = 1$인 정규 분포이므로, [정리 6]의 정규 분포의 적률생성함수에 $\mu = 0$, $\sigma^2 = 1$을 대입해서 다음의 결과를 쉽게 얻는다.

$$M_X(t) = \left[e^{\mu t + \frac{1}{2}\sigma^2 t^2}\right]_{\begin{cases}\mu = 0, \\ \sigma^2 = 1\end{cases}} = e^{\frac{1}{2}t^2}$$

정리 9 표준 정규 분포의 기대값과 분산

확률변수 X가 표준 정규 분포를 따른다고 할 때, 즉 $X \sim N(0,1)$일 때, 다음이 성립한다.

(1) $E(X)=0$

(2) $V(X)=1$

증 명

표준 정규 분포는 $\mu=0$이고, $\sigma^2=1$인 정규 분포이므로, [정리 7]의 정규 분포의 기대값과 분산에 $\mu=0$, $\sigma^2=1$을 대입해서 쉽게 구할 수 있다.

정규 분포의 확률 계산에서 계산된 표준 정규분포의 확률을 사용하기 위하여 확률변수에 대한 변환이 필요하다.

정리 10 정규 분포의 표준 정규 분포로의 변환

확률변수 X는 정규 분포를 따르고, 새로운 확률변수 Z가 $Z=\dfrac{X-\mu}{\sigma}$로 변환이 되면, 변환된 새로운 확률변수 Z는 표준 정규 분포를 따른다. 즉 $X \sim N(\mu, \sigma^2)$이고, $Z=\dfrac{X-\mu}{\sigma}$일 때, $Z \sim N(0,1)$이다.

증 명

새로운 확률변수 Z의 누적분포함수를 유도하자.

$$\begin{aligned} F_Z(z) &= P(Z \le z) = P\left(\frac{X-\mu}{\sigma} \le z\right) \\ &= P(X \le \mu + \sigma z) \\ &= \int_{-\infty}^{\mu+\sigma z} f(x)\, dx \\ &= \int_{-\infty}^{\mu+\sigma z} \frac{1}{\sqrt{2\pi}\,\sigma} e^{-\frac{(x-\mu)^2}{2\sigma^2}}\, dx \end{aligned}$$

여기에서 $\dfrac{x-\mu}{\sigma}=t$의 치환을 이용하면, 다음과 같이 변형된다.

$$F_Z(z) = \int_{-\infty}^{z} \frac{1}{\sqrt{2\pi}} e^{-\frac{t^2}{2}} dt$$

확률변수 Z의 확률밀도함수는 $f_Z(z) = \frac{d}{dz} F_Z(z)$이므로, 다음의 결과를 얻는다.

$$f_Z(z) = \frac{1}{\sqrt{2\pi}} e^{-\frac{z^2}{2}}$$

그러므로 $Z \sim N(0, 1)$이다.

예제 3 확률변수 X가 정규 분포를 따를 때, 즉 $X \sim N(5, 2^2)$일 때, 다음의 확률을 구하시오.

(1) $P(X < 7)$

(2) $P(X < 3)$

(3) $P(3 < X < 7)$

풀이 표준 정규 분포표를 이용하기 위하여 정규 분포를 표준 정규 분포로 변환한다.

(1) $P(X<7) = P\left(Z < \frac{7-5}{2}\right) = P(Z<1)$

$= 1 - P(Z \geq 1) = 1 - 0.1587 = 0.8413$

(2) $P(X<3) = P\left(Z < \frac{3-5}{2}\right) = P(Z < -1) = P(Z>1) = 0.1587$

(3) $P(3<X<7) = P\left(\frac{3-5}{2} < Z < \frac{7-5}{2}\right) = P(-1 < Z < 1)$

$= P(Z<1) - P(Z<-1) = 1 - 2 \times 0.1587 = 0.6826$

정리 11 이항 분포의 정규 근사

확률변수 X가 이항 분포를 따른다고 할 때, 즉 $X \sim B(n, p)$일 때, $np > 5$ 또는 $n(1-p) > 5$이면, 확률변수 X는 정규 분포로 근사된다. 즉, $X \sim N(\mu, \sigma^2)$이다.

제4장에서는 초기하 분포의 이항 분포로의 근사와 이항 분포의 포아송 분포로의 근사에 대한 정리를 살펴보았다. 이것은 이산 확률분포에서 이산 확률분포로의 근사였던 것과 비교하여 위의 정리는 이항 분포에서 정규 분포로의 근사, 즉 이산 확률분포에서 연속 확률분포로의 근사이다. 이산 확률분포의 확률변수는 값인 반면에 연속 확률분포의

확률변수는 실수의 구간이므로, 다음의 연속성 수정의 과정을 거쳐서 근사하게 된다.

정리 12 이산 확률변수의 연속 확률변수로의 연속성 수정

$$P(X=k)=P(k-0.5 \le X \le k+0.5)$$

예제 4 어떤 공장에서는 생산품의 10%가 불량품이라고 한다. 이 공장의 생산품에서 임의로 100개의 상품을 선발했을 때, 그중 불량품이 12개를 넘을 정확한 확률과 근사 확률을 구하시오.

풀이 확률변수 X를 선택된 불량품의 개수라고 하면, 다음과 같은 이항 분포를 갖는다.

$$f(x)=\binom{100}{x}(0.1)^x(0.9)^{100-x},\ x=0,1,2,\cdots,100$$

$$\text{또는 } X\sim B(100,\,0.1)$$

그러므로 정확한 확률은 다음과 같다.

$$P(X\ge 13)=\sum_{x=3}^{100} f(x)=f(3)+f(4)+\cdots+f(100)$$

위의 결과가 복잡하고, $np=10>5$이므로, 정규 분포로 근사된 확률을 구한다. 즉, 확률변수 X는 $\mu=np=10$이고, $\sigma^2=npq=9$인 정규 분포를 갖는다.

$$f(x)=\begin{cases}\dfrac{1}{3\sqrt{2\pi}}e^{-\frac{(x-10)^2}{18}}, & -\infty<x<\infty,\\ 0 & ,\ otherwise\end{cases}\quad \text{또는 } X\sim N(10,\,9)$$

따라서 부록의 표준 정규 분포표를 이용하여 확률을 구한다.

$$P(X\ge 13)=P\left(\frac{X-10}{3}\ge\frac{13-10-0.5}{3}\right)=P(Z\ge 0.83)=0.2033$$

5.5 감마 분포

제3절에서의 지수 분포는 일정한 시간이나 구간 안에서 관심의 대상이 되는 특별한 사건이 처음 발생할 때까지 기다리는 시간에 대한 분포를 나타냈다. 이와 비교하여 특별한 사건이 α번 발생할 때까지 기다리는 시간에 관한 분포를 생각할 수 있는데, 이를

감마 분포라고 한다.

정의 7 감마 함수

다음의 함수를 감마 함수(gamma function)라고 한다.

$$\Gamma(\alpha) = \int_0^\infty x^{\alpha-1} e^{-x}\, dx\,,\ \alpha > 0$$

정리 13 특별한 감마 함수

(1) $\Gamma(1) = 1$

(2) $\Gamma(n) = n!\,,\ n \in N$

(3) $\Gamma\left(\frac{1}{2}\right) = \sqrt{\pi}$

증명

감마 함수의 정의를 이용하여 다음을 계산하자.

(1) $\Gamma(1) = \int_0^\infty e^{-x}\, dx = 1$

(2) $\Gamma(n) = \int_0^\infty x^{n-1} e^{-x}\, dx$은 부분 적분에 의하여 다음과 같이 전개된다.

$$\Gamma(n) = (n-1)\int_0^\infty x^{n-2} e^{-x}\, dx = (n-1)\Gamma(n-1)$$

부분 적분의 반복에 의하여 다음과 같이 정리된다.

$$\Gamma(n) = (n-1)(n-2)\cdots 2 \cdot 1 \cdot \Gamma(1) = (n-1)!$$

(3) $\Gamma\left(\frac{1}{2}\right) = \int_0^\infty x^{-\frac{1}{2}} e^{-x}\, dx$에서 $x^{\frac{1}{2}} = u$의 치환 적분을 이용하면, 다음과 같이 전개된다.

$$\Gamma\left(\frac{1}{2}\right) = 2\int_0^\infty e^{-u^2}\, du$$

한편, 표준 정규 분포에서 $\int_{-\infty}^\infty \frac{1}{\sqrt{\pi}} e^{-x^2}\, dx = 1$이므로,

$\int_0^\infty e^{-x^2}\,dx = \frac{\sqrt{\pi}}{2}$ 이다. 따라서 위의 결과는 다음과 같이 정리된다.

$$\Gamma\left(\frac{1}{2}\right) = 2\int_0^\infty e^{-u^2}\,du = \sqrt{\pi}$$

정의 8 감마 분포

확률변수 X가 다음과 같은 확률밀도함수를 가질 때, X는 감마 분포(gamma distribution)를 따른다고 한다.

$$f(x) = \begin{cases} \dfrac{1}{\Gamma(\alpha)}\lambda^\alpha x^{\alpha-1} e^{-\lambda x}, & \alpha > 0, \lambda > 0, x > 0, \\ 0 & , otherwise \end{cases}$$

그리고 $X \sim GAM(\alpha, \lambda)$라고 표기한다.

예제 5 한 실험에 의하면 정해진 강도의 감마 방사능에 노출된 실험용 쥐의 생존 기간은 $\alpha = 8$, $\lambda = \frac{1}{5}$ 인 감마 분포를 따른다고 한다. 이때, 수명(단위 : 일)이 60일에서 120일 사이일 확률을 구하시오.

풀이 확률변수 X는 다음과 같은 감마 분포를 갖는다.

$$f(x) = \begin{cases} \dfrac{1}{\Gamma(8)}\left(\dfrac{1}{5}\right)^8 x^7 \cdot e^{-\frac{1}{5}x}, & x > 0, \\ 0 & , otherwise \end{cases} \quad \text{또는 } X \sim GAM\left(8, \frac{1}{5}\right)$$

위의 분포를 이용하여 확률을 계산하면, 다음과 같다.

$$P(60 \le X \le 120) = \int_{60}^{120} f(x)\,dx = \frac{1}{\Gamma(8)}\left(\frac{1}{5}\right)^8 \int_{60}^{120} x^7 \cdot e^{-\frac{1}{5}x}\,dx \fallingdotseq 0.496$$

정리 14 감마 분포의 적률생성함수

확률변수 X가 감마 분포를 따른다고 할 때, 즉 $X \sim GAM(\alpha, \lambda)$일 때, 다음의 적률생성함수를 갖는다.

$$M_X(t) = \left(\frac{\lambda}{\lambda - t}\right)^\alpha, \quad (\text{단, } t < \lambda)$$

증 명

적률생성함수의 정의에 의하여 다음과 같이 전개된다.

$$M_X(t) = E(e^{tX}) = \int_{-\infty}^{\infty} e^{tx} \cdot f(x)\, dx$$

$$= \frac{\lambda^\alpha}{(\lambda-t)^\alpha \Gamma(\alpha)} \int_0^{\infty} (\lambda-t)^\alpha \cdot x^{\alpha-1} \cdot e^{-(\lambda-t)x}\, dx$$

여기에서 $(\lambda-t)x = y$로 치환하면, 다음과 같이 변형된다.

$$M_X(t) = \frac{\lambda^\alpha}{(\lambda-t)^\alpha \Gamma(\alpha)} \int_0^{\infty} y^{\alpha-1} \cdot e^{-y}\, dy$$

그리고 $\Gamma(\alpha) = \int_0^{\infty} x^{\alpha-1} e^{-x}\, dx$인 감마함수의 결과에 의하여 다음과 같이 정리된다.

$$M_X(t) = \left(\frac{\lambda}{\lambda-t}\right)^\alpha$$

정리 15 감마 분포의 기대값과 분산

확률변수 X가 감마 분포를 따른다고 할 때, 즉 $X \sim GAM(\alpha, \lambda)$일 때, 다음이 성립한다.

(1) $E(X) = \dfrac{\alpha}{\lambda}$

(2) $V(X) = \dfrac{\alpha}{\lambda^2}$

증 명

[정리 14]의 적률생성함수를 이용하여 다음을 계산하자.

(1) 기대값은 $E(X) = \left[M_X'(t)\right]_{t=0}$의 관계에 의하여 다음과 같이 전개된다.

$$E(X) = \left[M_X'(t)\right]_{t=0} = \left[\frac{\alpha\lambda^\alpha}{(\lambda-t)^{\alpha+1}}\right]_{t=0} = \frac{\alpha}{\lambda}$$

(2) 분산은 $V(X) = \left[M_X''(t)\right]_{t=0} - \left(\left[M_X'(t)\right]_{t=0}\right)^2$이므로, 먼저 $\left[M_X''(t)\right]_{t=0}$을 구한다.

즉,

$$\left[M_X''(t)\right]_{t=0} = \left[\frac{\alpha(\alpha+1)\lambda^\alpha}{(\lambda-t)^{\alpha+2}}\right]_{t=0} = \frac{\alpha(\alpha+1)}{\lambda^2}$$

이므로, 분산은 다음과 같이 정리된다.

$$V(X)=\left[M_X''(t)\right]_{t=0}-\left(\left[M_X'(t)\right]_{t=0}\right)^2=\frac{\alpha(\alpha+1)}{\lambda^2}-\left(\frac{\alpha}{\lambda}\right)^2=\frac{\alpha}{\lambda^2}$$

5.6 카이제곱 분포

제5절에서 살펴본 감마 분포에서 특별히 모수가 $\alpha=\frac{r}{2}$, $\lambda=\frac{1}{2}$인 분포를 카이제곱 분포라고 정의한다.

정의 9 카이제곱 분포

확률변수 X가 다음과 같은 확률밀도함수를 가질 때, X는 카이제곱 분포(chisquare distribution)를 따른다고 한다.

$$f(x)=\begin{cases}\dfrac{1}{\Gamma\left(\frac{r}{2}\right)2^{\frac{r}{2}}}x^{\frac{r}{2}-1}e^{-\frac{x}{2}}, & r\in N,\ x>0,\\ 0 & , otherwise\end{cases}$$

그리고 $X\sim\chi^2(r)$라고 표기한다.

예제 6 카이제곱 분포표를 이용하여 다음의 확률을 계산하시오.

(1) $P(\chi^2(5)\geq 11.0705)$

(2) $P(\chi^2(5)>1.145476)$

풀이 부록에서 $r=5$ 카이제곱 분포표를 이용하여 다음의 확률을 구한다.

(1) $P(\chi^2(5)\geq 11.0705)=0.05$

(2) $P(\chi^2(5)>1.145476)=0.95$

정리 16 카이제곱 분포의 적률생성함수

확률변수 X가 카이제곱 분포를 따른다고 할 때, 즉 $X \sim \chi^2(r)$일 때, 다음의 적률생성함수를 갖는다.

$$M_X(t) = \left(\frac{1}{1-2t}\right)^{\frac{r}{2}}$$

증 명

감마 분포에서 $\alpha = \frac{r}{2}$이고, $\lambda = \frac{1}{2}$인 분포를 카이제곱 분포라고 하므로, [정리 14]의 감마 분포의 적률생성함수에 $\alpha = \frac{r}{2}$, $\lambda = \frac{1}{2}$을 대입해서 다음의 결과를 얻는다.

$$M_X(t) = \left[\left(\frac{\lambda}{\lambda - t}\right)^{\alpha}\right]_{\begin{cases}\alpha = \frac{r}{2}, \\ \lambda = \frac{1}{2}\end{cases}} = \left(\frac{1}{1-2t}\right)^{\frac{r}{2}}$$

정리 17 카이제곱 분포의 기대값과 분산

확률변수 X가 카이제곱 분포를 따른다고 할 때, 즉 $X \sim \chi^2(r)$일 때, 다음이 성립한다.

(1) $E(X) = r$

(2) $V(X) = 2r$

증 명

카이제곱 분포는 $\alpha = \frac{r}{2}$이고, $\lambda = \frac{1}{2}$인 감마 분포이므로, [정리 15]의 감마 분포의 기대값과 분산에 $\alpha = \frac{r}{2}$, $\lambda = \frac{1}{2}$을 대입해서 쉽게 구할 수 있다.

연습문제

1. 확률변수 X가 평균이 5이고, 분산이 10인 정규 분포를 따른다고 할 때, 다음의 확률을 구하시오.

$$P(0.04 < X - 5 < 3.84)$$

2. 확률변수 X가 평균이 1이고, 분산이 4인 정규 분포를 따른다고 할 때, 다음의 확률을 구하시오.

$$P(1 < X < 3)$$

3. 어떤 대학의 입시에 응시한 학생 1000명의 수학 성적을 조사하였더니 평균이 50점이고, 표준편차가 15점인 정규 분포를 이루었다. 이때 점수가 35점부터 65점인 학생 수를 구하시오. (단, $P(0 \le Z \le 1) = 0.3413$)

4. 어떤 대학의 한 강좌를 등록한 학생 1000명의 시험 성적은 평균이 65점이고, 표준편차가 10인 정규 분포를 따른다고 한다. 80점을 받은 학생의 순위를 구하시오.(단, $P(0 < Z < 1.5) = 0.4332$)

5. 확률변수 X가 평균이 5인 카이제곱 분포를 따른다고 할 때, $P(a < X < b) = 0.95$이고, $P(X > b) = 0.025$가 되는 상수 a, b를 구하시오.

6. 어떤 사람이 자기 집에서 회사까지 직접 운전하여 출근하는데 걸리는 시간(단위 : 분)을 확률변수 X라고 할 때, X는 [30, 50]에서 균등분포를 따른다고 한다. 그의 출근 시간은 8시까지이다. 그의 집에서 매일 아침 7시 15분에 출발한다고 할 때, 지각할 확률을 구하시오.

7. 어떤 기계를 수리하는데 걸리는 시간은 $\lambda = 3$인 지수분포를 따른다고 한다. 다음을 구하시오.

(1) 수리 시간이 3시간을 초과할 확률

(2) 수리 시간이 5시간을 초과했을 때, 적어도 3시간이 더 소요될 확률

8. $X \sim N(20,\, 5^2)$일 때, 다음을 구하시오.

(1) $P(X \geq 30)$

(2) $P(X < 15)$

(3) $P(10 < X < 25)$

9. 어느 대학의 학생들의 키는 $N(171,\, 5^2)$를 따른다고 한다. 임의로 한 학생을 뽑았을 때, 키가 165보다 작을 확률을 구하시오.

10. $X \sim N(10,\, 4)$일 때, $P(10 - c < X < 10 + c) = 0.9$를 만족하는 상수 c를 구하시오.

11. 어느 방송국의 주말 연속극 시청률이 20%였다. 새 프로그램 편성 후 100명의 시청자를 뽑아 연속극의 시청 여부를 조사하였다. 다음을 구하시오.

(1) 이 연속극에 대한 시청률이 전과 동일하다면, 100명 중 15명 이하가 시청할 확률

(2) (1)에서 이 연속극을 25명 이상 시청할 확률

CHAPTER

6 결합 확률분포

6.1 서론

제4장과 제5장에서는 한 개의 확률변수에 대한 확률분포를 살펴보았다. 이 장에서는 변수의 개수를 확장하여 두 개 이상의 확률변수들에 대한 확률적 관계를 정의한 결합 확률분포와 그것의 성질들에 대하여 알아본다.

6.2 결합 확률분포

동일한 표본 공간에서 관심의 대상이 두 개인 사건의 경우 또는 동일한 실험을 두 번 시행했을 때, 첫 번째 결과에 대한 사건과 두 번째 결과의 사건을 동시에 만족하는 확률 실험을 생각할 수 있다. 이와 같이 두 개의 확률변수가 동시에 만족되는 확률분포를 결합 확률분포라고 한다.

정의 1 이변량 확률변수

확률변수 X와 Y가 하나의 표본 공간 S에서 정의된 서로 다른 두 개의 확률변수일 때, 이 확률변수들의 순서쌍 (X, Y)를 이변량 확률변수(bivariate random variable)라고 한다.

정의 2 결합 확률분포

표본 공간 S에서 정의된 이변량 확률변수 (X, Y)에 대한 확률분포를 결합 확률분포(joint probability distribution)라고 하며, $F(x, y) = P(X \leq x, Y \leq y)$라고 표기한다.

정의 3 결합 확률질량함수

표본 공간 S에서 정의된 이변량 확률변수 (X, Y)에 대하여, 다음의 조건을 만족하는 함수 $f(x, y)$를 (X, Y)의 결합 확률질량함수(joint probability mass function)라고 한다.

(1) $P(X=x, Y=y) = f(x, y) \geq 0$

(2) $\sum_{i=1}^{\infty} \sum_{j=1}^{\infty} f(x_i, y_j) = 1$

정의 4 결합 확률밀도함수

표본 공간 S에서 정의된 이변량 확률변수 (X, Y)에 대하여, 다음의 조건을 만족하는 함수 $f(x, y)$를 (X, Y)의 결합 확률밀도함수(joint probability density function)라고 한다.

(1) $f(x, y) \geq 0$

(2) $\int_{-\infty}^{\infty} \int_{-\infty}^{\infty} f(x, y)\, dx\, dy = 1$

예제 1 공정한 주사위를 두 번 던지는 확률 실험에서 X는 나온 두 눈의 수 중에서 크거나 같은 수에 대응하는 확률변수이고, Y는 나온 두 눈 중에서 짝수인 눈의 개수에 대응하는 확률변수라고 하자. 확률변수 X와 Y에 대한 결합 확률질량함수를 구하시오.

풀이 주사위를 두 번 던지는 확률 실험에 대한 표본 공간은 다음과 같다.

$$S = \{(1,1),\ (1,2),\ \cdots,\ (1,6),\ (2,1),\ (2,2),\ \cdots,\ (2,6),\ \cdots,\ (6,1),\ (6,2),\ \cdots,\ (6,6)\}$$

여기에서 확률변수 X가 가질 수 있는 값은 1, 2, 3, 4, 5, 6이고, 확률변수 Y가 가질 수 있는 값은 0, 1, 2이다. 그러므로 두 확률변수에 두 확률변수가 동시에 만족되는 확률을 대응시켜 다음과 같은 확률질량함수의 표를 구한다.

Y \ X	1	2	3	4	5	6	합
0	$\frac{1}{36}$	0	$\frac{3}{36}$	0	$\frac{5}{36}$	0	$\frac{9}{36}$
1	0	$\frac{2}{36}$	$\frac{2}{36}$	$\frac{4}{36}$	$\frac{4}{36}$	$\frac{6}{36}$	$\frac{18}{36}$
2	0	$\frac{1}{36}$	0	$\frac{3}{36}$	0	$\frac{5}{36}$	$\frac{9}{36}$
합	$\frac{1}{36}$	$\frac{3}{36}$	$\frac{5}{36}$	$\frac{7}{36}$	$\frac{9}{36}$	$\frac{11}{36}$	1

예제 2 결합 확률밀도함수가 다음과 같을 때, $P\left(0 < X < \frac{1}{2}, 0 < Y < \frac{1}{4}\right)$을 구하시오.

$$f(x, y) = \begin{cases} x + y, \ 0 \le x \le 1, 0 \le y \le 1, \\ 0 \quad , otherwise \end{cases}$$

풀이 $$P\left(0 < X < \frac{1}{2}, 0 < Y < \frac{1}{4}\right) = \int_0^{\frac{1}{2}} \int_0^{\frac{1}{4}} f(x, y)\, dy\, dx$$

$$= \int_0^{\frac{1}{2}} \int_0^{\frac{1}{4}} x + y\, dy\, dx$$

$$= \int_0^{\frac{1}{2}} \frac{1}{4}x + \frac{1}{32}\, dx$$

$$= \frac{3}{64}$$

6.3 주변 확률분포

이변량 확률변수에 대한 결합 확률분포를 각각의 확률변수에 대한 확률분포들로 분해할 수 있다. 이와 같이 분해된 각각의 확률분포를 주변 확률분포라고 한다.

정의 5 주변 확률분포

확률변수 X와 Y에 대한 결합 확률분포를 $f(x, y)$라고 할 때, X와 Y의 주변 확률분포(marginal probability distribution)는 다음과 같이 정의한다.

(1) 이산형 확률변수에 대한 주변 확률분포

① X의 주변 확률분포 : $f_X(x) = \sum_{j=1}^{\infty} f(x_i, y_j)$

② Y의 주변 확률분포 : $f_Y(y) = \sum_{i=1}^{\infty} f(x_i, y_j)$

(2) 연속형 확률변수에 대한 주변 확률분포

① X의 주변 확률분포 : $f_X(x) = \int_{-\infty}^{\infty} f(x, y)\, dy$

② Y의 주변 확률분포 : $f_Y(y) = \int_{-\infty}^{\infty} f(x, y)\, dx$

예제 3 공정한 주사위를 두 번 던지는 확률 실험에서 X는 나온 두 눈의 수 중에서 크거나 같은 수에 대응하는 확률변수이고, Y는 나온 두 눈 중에서 짝수인 눈의 개수에 대응하는 확률변수라고 하자.

(1) X의 주변 확률분포를 구하시오.

(2) Y의 주변 확률분포를 구하시오.

풀이 예제1의 결합 확률질량함수의 표로부터 다음의 주변 확률분포를 구한다.

(1) X의 주변 확률분포

X	1	2	3	4	5	6	합
$f_X(x)$	$\frac{1}{36}$	$\frac{3}{36}$	$\frac{5}{36}$	$\frac{7}{36}$	$\frac{9}{36}$	$\frac{11}{36}$	1

(2) Y의 주변 확률분포

Y	0	1	2	합
$f_Y(y)$	$\frac{9}{36}$	$\frac{18}{36}$	$\frac{9}{36}$	1

예제 4 결합 확률 밀도 함수가 다음과 같을 때, 물음에 답하시오.

$$f(x, y) = \begin{cases} x+y, & 0 \le x \le 1, 0 \le y \le 1, \\ 0 & , otherwise \end{cases}$$

(1) X의 주변 확률분포를 구하시오.

(2) Y의 주변 확률분포를 구하시오.

풀이 (1) X의 주변 확률분포

$$f_X(x) = \int_0^1 f(x, y)\, dy = \int_0^1 (x+y)\, dy = x + \frac{1}{2},\ 0 < x < 1$$

(2) Y의 주변 확률분포

$$f_Y(y) = \int_0^1 f(x, y)\, dy = \int_0^1 (x+y)\, dy = y + \frac{1}{2},\ 0 < y < 1$$

정의 6 확률변수의 독립

두 개의 확률변수 X와 Y에 대하여 다음의 관계가 성립할 때, X와 Y는 확률적으로 독립(stochastically independent) 또는 독립(independent)이라고 한다.

$$f(x, y) = f_X(x) \cdot f_Y(y)$$

예제 5 공정한 주사위를 두 번 던지는 확률 실험에서 X는 나온 두 눈의 수 중에서 크거나 같은 수에 대응하는 확률변수이고, Y는 나온 두 눈 중에서 짝수인 눈의 개수에 대응하는 확률변수라고 하자. 두 확률변수 X와 Y는 확률적으로 독립인가?

풀이 예제 1의 결합 확률질량함수와 예제 3의 주변 확률분포로부터 다음의 결과를 얻는다.

$$f(1,0)=\frac{1}{36}\neq f_X(1)\cdot f_Y(0)=\frac{1}{36}\cdot\frac{9}{36}$$

따라서 X와 Y는 확률적으로 독립이 아니다.

예제 6 두 확률변수 X와 Y의 결합 확률밀도함수가 다음과 같을 때, 두 확률변수 X와 Y는 확률적으로 독립인가?

$$f(x,y)=\begin{cases} x+y, & 0\le x\le 1,\ 0\le y\le 1 \\ 0 & , otherwise \end{cases}$$

풀이 예제4의 주변 확률분포로부터 $f_X(x)=x+\frac{1}{2}$이고, $f_Y(y)=y+\frac{1}{2}$ 이므로, 다음의 결과를 얻는다.

$$f(x,y)=(x+y)\neq f_X(x)\cdot f_Y(y)=\left(x+\frac{1}{2}\right)\left(y+\frac{1}{2}\right)$$

따라서 X와 Y는 확률적으로 독립이 아니다.

6.4 결합 확률변수의 변환

제5장에서는 정규 분포의 확률변수에서 표준 정규 분포의 확률변수로 변수를 변환하여 보았다. 이 절에서는 이변량 확률변수에 대한 결합 확률분포의 변수 변환에 대하여 알아본다.

정리 1 결합 확률질량함수의 변수 변환

두 확률변수 X_1과 X_2의 결합 확률질량함수를 $f(x_1, x_2)$라 하고, 새로운 확률변수와의 관계를 $Y_1=g_1(X_1, X_2)$, $Y_2=g_2(X_1, X_2)$라고 할 때, Y_1과 Y_2의 결합 확률질량함수는 다음과 같다.

$$f_{Y_1, Y_2}(y_1, y_2) = f_{X_1, X_2}\left(g_1^{-1}(y_1, y_2), g_2^{-1}(y_1, y_2)\right)$$

정리 2 결합 확률밀도함수의 변수 변환

두 확률변수 X_1과 X_2의 결합 확률밀도함수를 $f(x_1, x_2)$라 하고, 새로운 확률변수와의 관계를 $Y_1 = g_1(X_1, X_2)$, $Y_2 = g_2(X_1, X_2)$라고 할 때, Y_1과 Y_2의 결합 확률밀도함수는 다음과 같다.

$$f_{Y_1, Y_2}(y_1, y_2) = f_{X_1, X_2}\left(g_1^{-1}(y_1, y_2), g_2^{-1}(y_1, y_2)\right) \cdot \left\| \begin{matrix} \frac{\partial x_1}{\partial y_1} & \frac{\partial x_1}{\partial y_2} \\ \frac{\partial x_2}{\partial y_1} & \frac{\partial x_2}{\partial y_2} \end{matrix} \right\|$$

예제 7 두 확률변수 X와 Y는 확률적으로 독립이고, 두 확률변수 모두 모수 n, p인 이항 분포를 따른다고 한다. 이때, $V = X + Y$의 확률질량함수를 구하시오.

풀이 확률변수 X의 확률질량함수는 다음과 같다.

$$f(x) = \binom{n}{x} p^x q^{n-x}, \ x = 0, 1, 2, \cdots, n \text{ 또는 } X \sim B(n, p)$$

또한, 확률변수 Y의 확률질량함수는 다음과 같다.

$$f(y) = \binom{n}{y} p^y q^{n-y}, \ y = 0, 1, 2, \cdots, n \text{ 또는 } Y \sim B(n, p)$$

두 확률변수 X와 Y는 확률적으로 독립이므로, 결합 확률질량함수는 다음과 같다.

$$f_{X, Y}(x, y) = f_X(x) \cdot f_Y(y) = \binom{n}{x} p^x q^{n-x} \cdot \binom{n}{y} p^y q^{n-y}$$

$$= \binom{n}{x}\binom{n}{y} p^{x+y} q^{2n-x-y}, \ x = 0, 1, 2, \cdots, n, \ y = 0, 1, 2, \cdots, n$$

새로운 변수와의 변환 관계가 $V = X + Y$이므로, $U = X$라고 하면, 다음의 역변환을 갖는다.

$$X = U, \quad Y = V - U$$

그러므로 새로운 확률변수 U와 V의 결합 확률질량함수는 다음과 같다.

$$f_{U, V}(u, v) = f_{X, Y}(x = u, y = v - u)$$

$$= \binom{n}{u}\binom{n}{v-u} p^v q^{2n-v}, \ u = 0, 1, 2, \cdots, n, \ v = 0, 1, 2, \cdots, n$$

여기에서 V의 주변 확률분포를 구한다.

$$f_V(v)=\sum_{u=0}^{\infty} f_{U,V}(u,v)=\sum_{u=0}^{n}\binom{n}{u}\binom{n}{v-u}p^v q^{2n-v}=p^v q^{2n-v}\sum_{u=0}^{n}\binom{n}{u}\binom{n}{v-u}$$

$\sum_{l=0}^{k}\binom{n}{h}\binom{m}{l-h}=\binom{n+m}{l}$인 결과를 이용하면, 다음과 같이 정리된다.

$$f_V(v)=\binom{2n}{v}p^v q^{2n-v},\ v=0,1,2,\cdots,2n$$

즉, $V=X+Y\sim B(2n,p)$이다.

앞의 예제의 결과처럼 두 개의 이항 분포의 합의 변환이 다시 이항 분포로 되돌아가는 과정을 이항 재생이라고 한다.

예제 8 두 확률변수 X와 Y는 확률적으로 독립이고, 두 확률변수 모두 평균이 λ인 포아송 분포를 따른다고 한다. 이때, $V=X+Y$의 확률질량함수를 구하시오.

풀이 확률변수 X의 확률질량함수는 다음과 같다.

$$f(x)=\frac{e^{-\lambda}\lambda^x}{x!},\ \lambda>0,\ x=0,1,2,\cdots \quad \text{또는}\quad X\sim POI(\lambda)$$

또한, 확률변수 Y의 확률질량함수는 다음과 같다.

$$f(y)=\frac{e^{-\lambda}\lambda^y}{y!},\ \lambda>0,\ y=0,1,2,\cdots \quad \text{또는}\quad Y\sim POI(\lambda)$$

두 확률변수 X와 Y는 확률적으로 독립이므로, 결합 확률질량함수는 다음과 같다.

$$\begin{aligned}f_{X,Y}(x,y)&=f_X(x)\cdot f_Y(y)=\frac{e^{-\lambda}\lambda^x}{x!}\cdot\frac{e^{-\lambda}\lambda^y}{y!}\\&=\frac{e^{-2\lambda}\lambda^{x+y}}{x!\,y!},\ \lambda>0,\ x=0,1,2,\cdots,\ y=0,1,2,\cdots\end{aligned}$$

새로운 변수와의 변환 관계가 $V=X+Y$이므로, $U=X$라고 하면, 다음의 역변환을 갖는다.

$$X=U,\quad Y=V-U$$

그러므로 새로운 확률변수 U와 V의 결합 확률질량함수는 다음과 같다.

$$\begin{aligned}f_{U,V}(u,v)&=f_{X,Y}(x=u,y=v-u)\\&=\frac{e^{-2\lambda}\cdot\lambda^v}{u!\,(v-u)!},\ \lambda>0,\ u=0,1,2,\cdots,\ v=0,1,2,\cdots\end{aligned}$$

여기에서 V의 주변 확률분포를 구한다.

$$f_V(v) = \sum_{u=0}^{\infty} f_{U,V}(u, v) = \sum_{u=0}^{\infty} \frac{e^{-2\lambda} \cdot \lambda^v}{u!\,(v-u)!} = \frac{e^{-2\lambda} \cdot \lambda^v}{v!} \sum_{u=0}^{\infty} \binom{v}{u}$$

이항정리를 이용하면, 다음과 같이 정리된다.

$$f_V(v) = \frac{e^{-2\lambda} \cdot \lambda^v}{v!} (1+1)^v = \frac{e^{-2\lambda} \cdot (2\lambda)^v}{v!}, \ \lambda > 0, \ v = 0, 1, 2, \cdots$$

즉, $V = X + Y \sim POI(2\lambda)$이다.

앞의 예제의 결과처럼 두 개의 포아송 분포의 합의 변환이 다시 포아송 분포로 되돌아가는 과정을 포아송 재생이라고 한다.

예제 9 두 확률변수 X와 Y는 확률적으로 독립이고, 두 확률변수 모두 $\lambda = 1$인 지수 분포를 따른다고 한다. 이때, $U = X + Y$와 $V = \dfrac{X}{X+Y}$의 확률밀도함수를 구하시오.

풀이 확률변수 X의 확률밀도함수는 다음과 같다.

$$f(x) = e^{-x}, \ x \ge 0 \ \text{또는} \ X \sim EXP(1)$$

또한, 확률변수 Y의 확률밀도함수는 다음과 같다.

$$f(y) = e^{-y}, \ y \ge 0 \ \text{또는} \ Y \sim EXP(1)$$

두 확률변수 X와 Y는 확률적으로 독립이므로, 결합 확률밀도함수는 다음과 같다.

$$f_{X,Y}(x, y) = f_X(x) \cdot f_Y(y) = e^{-x} \cdot e^{-y} = e^{-(x+y)}, \ x \ge 0, \ y \ge 0$$

새로운 변수와의 변환 관계가 $U = X + Y$와 $V = \dfrac{X}{X+Y}$이므로, 다음의 역변환과 자코비안을 갖는다.

$$X = UV, \ \ Y = U - UV, \ \ |J| = \left\| \begin{matrix} \dfrac{\partial x}{\partial u} & \dfrac{\partial x}{\partial v} \\ \dfrac{\partial y}{\partial u} & \dfrac{\partial y}{\partial v} \end{matrix} \right\| = \left\| \begin{matrix} v & u \\ 1-v & -u \end{matrix} \right\| = u$$

그러므로 새로운 확률변수 U와 V의 결합 확률밀도함수는 다음과 같다.

$$f_{U,V}(u, v) = f_{X,Y}(x = uv, y = u - uv)|J| = e^{-u} \cdot u, \ u \ge 0, \ 0 \le v \le 1$$

여기에서 U의 주변 확률분포를 구한다.

$$f_U(u) = \int_0^1 f_{U,V}(u, v)\, dv = \int_0^1 e^{-u} \cdot u\, dv = e^{-u} \cdot u, \ u \ge 0$$

그리고 V의 주변 확률분포를 구한다.

$$f_V(v) = \int_0^\infty f_{U,V}(u, v)\, du = \int_0^\infty e^{-u} \cdot u\, du = 1,\ 0 \le v \le 1$$

즉, $U = X + Y \sim GAM(2, 1)$이고, $V = \dfrac{X}{X+Y} \sim U(0, 1)$이다.

앞의 예제들의 결과에서 알 수 있듯이 두 확률변수의 합, 차, 몫 등의 다양한 변수 변환에 의하여 특정한 확률분포를 구할 수 있다.

정의 7 스튜던트 t-분포

확률변수 X가 다음과 같은 확률밀도함수를 가질 때, X는 스튜던트 t-분포(student t-distribution)를 따른다고 한다.

$$f(x) = \begin{cases} \dfrac{\Gamma\left(\frac{n+1}{2}\right)}{\sqrt{n\pi}\,\Gamma\left(\frac{n}{2}\right)\left(1+\frac{x^2}{n}\right)^{\frac{n+1}{2}}}, & n \in N,\ -\infty < x < \infty, \\ 0 & , otherwise \end{cases}$$

그리고 $X \sim t(n)$라고 표기한다.

정리 3

확률변수 Z는 표준 정규 분포를 따르고, 확률변수 U는 자유도 $r = n$인 카이제곱 분포를 따르며, 두 확률변수 Z와 U가 독립이라고 할 때, 다음과 같이 변환된 확률변수 X는 스튜던트 t-분포를 따른다. 즉,

$$X = \frac{Z}{\sqrt{\frac{U}{n}}} \sim t(n)$$

이다.

증 명

확률변수 Z의 확률밀도함수는 다음과 같다.

$$f_Z(z) = \frac{1}{\sqrt{2\pi}} e^{-\frac{z^2}{2}},\ -\infty < z < \infty \text{ 또는 } Z \sim N(0, 1)$$

또한, 확률변수 U의 확률밀도함수는 다음과 같다.

$$f_U(u)=\frac{1}{\Gamma\left(\frac{n}{2}\right)2^{\frac{n}{2}}}u^{\frac{n}{2}-1}\cdot e^{-\frac{u}{2}},\ n\in N,\ u>0 \text{ 또는 } U\sim\chi^2(n)$$

두 확률변수 Z와 U는 확률적으로 독립이므로, 결합 확률밀도함수는 다음과 같다.

$$f_{Z,U}(z,u)=f_Z(z)\cdot f_U(u)=\frac{1}{\sqrt{2\pi}}e^{-\frac{z^2}{2}}\cdot\frac{1}{\Gamma\left(\frac{n}{2}\right)2^{\frac{n}{2}}}u^{\frac{n}{2}-1}e^{-\frac{u}{2}},$$

$$n\in N,-\infty<z<\infty,u>0$$

새로운 변수와의 변환 관계가 $X=\dfrac{Z}{\sqrt{\dfrac{U}{n}}}$이므로, $Y=U$라고 하면, 다음의 역변환과 자코비안을 갖는다.

$$Z=\sqrt{\frac{Y}{n}}\cdot X,\ \ U=Y,\ \ |J|=\left\|\begin{matrix}\frac{\partial z}{\partial x} & \frac{\partial z}{\partial y}\\ \frac{\partial u}{\partial x} & \frac{\partial u}{\partial y}\end{matrix}\right\|=\left\|\begin{matrix}\sqrt{\frac{y}{n}} & \frac{1}{2}\sqrt{\frac{1}{ny}}\,x\\ 0 & 1\end{matrix}\right\|=\sqrt{\frac{y}{n}}$$

그러므로 새로운 확률변수 X와 Y의 결합 확률밀도함수는 다음과 같다.

$$f_{X,Y}(x,y)=f_{Z,U}\left(z=\sqrt{\frac{y}{n}}\,x,\ u=y\right)=\frac{1}{\sqrt{2\pi}\,\Gamma\left(\frac{n}{2}\right)2^{\frac{n}{2}}}e^{-\frac{x^2y}{2n}}y^{\frac{n}{2}-1}e^{-\frac{y}{2}}\sqrt{\frac{y}{n}},$$

$$n\in N,-\infty<z<\infty,u>0$$

여기에서 X의 주변 확률분포를 구한다.

$$\begin{aligned}f_X(x)&=\int_0^\infty f_{X,Y}(x,y)\,dy\\ &=\frac{1}{\sqrt{2n\pi}\,\Gamma\left(\frac{n}{2}\right)2^{\frac{n}{2}}}\int_0^\infty e^{-\frac{y}{2}\left(\frac{x^2}{n}+1\right)}\cdot y^{\frac{n-1}{2}}\,dy\end{aligned}$$

위의 결과에서 $\frac{y}{2}\left(\frac{x^2}{n}+1\right)=s$로의 치환을 이용하면, 다음과 같이 전개된다.

$$\begin{aligned}f_X(x)&=\frac{1}{\sqrt{2n\pi}\,\Gamma\left(\frac{n}{2}\right)2^{\frac{n}{2}}}\left(\frac{2}{1+\frac{x^2}{n}}\right)^{\frac{n+1}{2}}\int_0^\infty s^{\frac{n-1}{2}}e^{-s}\,ds\\ &=\frac{\Gamma\left(\frac{n+1}{2}\right)}{\sqrt{n\pi}\,\Gamma\left(\frac{n}{2}\right)\left(1+\frac{x^2}{n}\right)^{\frac{n+1}{2}}},\ n\in N,\ x>0\end{aligned}$$

그러므로 $Z \sim N(0,1)$이고, $U \sim \chi^2(n)$일 때, $X = \dfrac{Z}{\sqrt{\dfrac{U}{n}}} \sim t(n)$이다.

예제10 t-분포표를 이용하여 다음의 확률을 계산하시오.

(1) $P(t(10) > 1.82)$

(2) $P(t(10) < -1.82)$

풀이　부록에서 $n=10$의 t-분포표를 이용하여 다음의 확률을 구한다.

(1) $P(t(10) > 1.82) = 0.05$

(2) $P(t(10) < -1.82) = 0.05$

정의 8　스네데커의 F-분포

확률변수 X가 다음과 같은 확률밀도함수를 가질 때, X는 스네데커의 F-분포(Snedecor's F-distribution)를 따른다고 한다.

$$f(x) = \begin{cases} \dfrac{\Gamma\left(\dfrac{m+n}{2}\right)}{\Gamma\left(\dfrac{m}{2}\right)\Gamma\left(\dfrac{n}{2}\right)} \left(\dfrac{m}{n}\right)^{\frac{m}{2}} \dfrac{x^{\frac{m}{2}-1}}{\left(1+\dfrac{mx}{n}\right)^{\frac{m+n}{2}}}, & m, n \in N, x > 0, \\ 0 & , otherwise \end{cases}$$

그리고 $X \sim F(m,n)$라고 표기한다.

정리 4

확률변수 U는 자유도 $r=m$인 카이제곱 분포를 따르고, 확률변수 V는 자유도 $r=n$인 카이제곱 분포를 따르며, 두 확률변 수 U와 V가 독립이라고 할 때, 다음과 같이 변환된 확률변수 X는 스네데커의 F-분포를 따른다. 즉,

$$X = \frac{\dfrac{U}{m}}{\dfrac{V}{n}} \sim F(m,n)$$

증 명

확률변수 U의 확률밀도함수는 다음과 같다.

$$f(u)=\frac{1}{\Gamma\left(\frac{m}{2}\right)2^{\frac{m}{2}}}u^{\frac{m}{2}-1}\cdot e^{-\frac{u}{2}},\ m\in N,\ x>0 \text{ 또는 } U\sim\chi^2(m)$$

또한, 확률변수 V의 확률밀도함수는 다음과 같다.

$$f(v)=\frac{1}{\Gamma\left(\frac{n}{2}\right)2^{\frac{n}{2}}}v^{\frac{n}{2}-1}\cdot e^{-\frac{v}{2}},\ n\in N,\ v>0 \text{ 또는 } U\sim\chi^2(n)$$

두 확률변수 U와 V는 확률적으로 독립이므로, 결합 확률밀도함수는 다음과 같다.

$$f_{U,V}(u,v)=f_U(u)\cdot f_V(v)=\frac{1}{\Gamma\left(\frac{m}{2}\right)2^{\frac{m}{2}}}u^{\frac{m}{2}-1}e^{-\frac{u}{2}}\cdot\frac{1}{\Gamma\left(\frac{n}{2}\right)2^{\frac{n}{2}}}v^{\frac{n}{2}-1}e^{-\frac{v}{2}},$$
$$m,n\in N,\ u>0,\ v>0$$

새로운 변수와의 변환 관계가 $X=\frac{\frac{U}{m}}{\frac{V}{n}}$이므로, $Y=V$라고 하면, 다음의 역변환과 자코비안을 갖는다.

$$U=\frac{m}{n}\cdot XY,\ V=Y,\ |J|=\left\|\begin{vmatrix}\frac{\partial u}{\partial x} & \frac{\partial u}{\partial y}\\ \frac{\partial v}{\partial x} & \frac{\partial v}{\partial y}\end{vmatrix}\right\|=\left\|\begin{vmatrix}\frac{my}{n} & \frac{mx}{n}\\ 0 & 1\end{vmatrix}\right\|=\frac{my}{n}$$

그러므로 새로운 확률변수 X와 Y의 결합 확률밀도함수는 다음과 같다.

$$\begin{aligned}f_{X,Y}(x,y)&=f_{U,V}\left(u=\frac{m}{n}xy,v=y\right)\\&=\frac{1}{\Gamma\left(\frac{m}{2}\right)\Gamma\left(\frac{n}{2}\right)2^{\frac{m+n}{2}}}\left(\frac{m}{n}\right)^{\frac{m}{2}}x^{\frac{m}{2}-1}y^{\frac{m+n}{2}-1}e^{-\frac{1}{2}\left(\frac{m}{n}x+1\right)y},\end{aligned}$$
$$m,n\in N,\ 0<x<1,\ y>0$$

여기에서 X의 주변 확률분포를 구한다.

$$\begin{aligned}f_X(x)&=\int_0^\infty f_{X,Y}(x,y)\,dy\\&=\frac{1}{\Gamma\left(\frac{m}{2}\right)\Gamma\left(\frac{n}{2}\right)2^{\frac{m+n}{2}}}\left(\frac{m}{n}\right)^{\frac{m}{2}}x^{\frac{m}{2}-1}\int_0^\infty y^{\frac{m+n}{2}-1}\cdot e^{-\frac{1}{2}\left(\frac{m}{n}x+1\right)y}dy\end{aligned}$$

위의 결과에서 $\frac{1}{2}\left(\frac{m}{n}x+1\right)y=s$로의 치환을 이용하면, 다음과 같이 전개된다.

$$f_X(x)=\frac{1}{\Gamma\left(\frac{m}{2}\right)\Gamma\left(\frac{n}{2}\right)2^{\frac{m+n}{2}}}\left(\frac{m}{n}\right)^{\frac{m}{2}}x^{\frac{m}{2}-1}\left(\frac{2}{\frac{m}{n}x+1}\right)^{\frac{m+n}{2}}\int_0^\infty s^{\frac{m+n}{2}-1}\cdot e^{-s}\,ds$$

$$=\frac{\Gamma\left(\frac{m+n}{2}\right)}{\Gamma\left(\frac{m}{2}\right)\Gamma\left(\frac{n}{2}\right)}\left(\frac{m}{n}\right)^{\frac{m}{2}}\frac{x^{\frac{m}{2}-1}}{\left(1+\frac{mx}{n}\right)^{\frac{m+n}{2}}},\ m,\ n\in N,\ x>0$$

그러므로 $U\sim\chi^2(m)$이고, $V\sim\chi^2(n)$일 때, $X=\dfrac{\frac{U}{m}}{\frac{V}{n}}\sim F(m,n)$이다.

예제 11 $F-$분포표를 이용하여 $P(F(10,29)>3.37)$을 계산하시오.

풀이 부록에서 $m=10,\ n=29$의 $F-$분포표를 이용하여 다음의 확률을 구한다.

$$P(F(10,29)>3.37)=0.01$$

6.5 조건부 확률분포

정의 9 조건부 확률분포

두 확률변수 X와 Y의 결합 확률분포를 $f(x,y)$라 하고, 확률변수 X의 주변 확률분포를 $f_X(x)$라 하며, 확률변수 Y의 주변 확률분포를 $f_Y(y)$라고 할 때,

(1) $X=x$에 대한 Y의 조건부 확률분포(conditional probability distribution)는 다음과 같이 정의한다.

$$f_{Y|X}(y|x)=\frac{f_{X,Y}(x,y)}{f_X(x)},\quad 단,\ f_X(x)\neq 0$$

(2) $Y=y$에 대한 X의 조건부 확률분포는 다음과 같이 정의한다.

$$f_{X|Y}(x|y)=\frac{f_{X,Y}(x,y)}{f_Y(y)},\quad 단,\ f_Y(y)\neq 0$$

예제 12 두 확률변수 X와 Y는 확률적으로 독립이고, 두 확률변수 모두 모수 n, p인 이항 분포를 따른다고 한다. 이때, $X+Y=m$이 주어진 경우에 대한 X의 조건부 확률분포를 구하시오.

풀이 예제 7에서와 마찬가지로, 두 확률변수 X와 Y는 확률적으로 독립이므로 결합 확률질량함수는 다음과 같다.

$$\begin{aligned} f_{X,\,Y}(x,\,y) &= f_X(x)\cdot f_Y(y) = \binom{n}{x} p^x q^{n-x}\cdot \binom{n}{y} p^y q^{n-y} \\ &= \binom{n}{x}\binom{n}{y} p^{x+y} q^{2n-x-y},\ x=0,\,1,\,2,\,\cdots,\,n,\ y=0,\,1,\,2,\,\cdots,\,n \end{aligned}$$

조건부 확률분포의 정의에 의하여 $X+Y=m$이 주어진 경우에 대한 X의 조건부 확률분포는 다음과 같이 전개된다.

$$\begin{aligned} f_{X\mid X+Y}(x\mid x+y=m) &= P(X=x\mid X+Y=m) = \frac{P(X=x,\,X+Y=m)}{P(X+Y=m)} \\ &= \frac{P(X=x)\cdot P(Y=m-x)}{P(X+Y=m)} \\ &= \frac{\binom{n}{x} p^x q^{n-x}\cdot \binom{n}{m-x} p^{m-x} q^{n-m+x}}{\binom{2n}{x} p^x q^{2n-x}} \\ &= \frac{\binom{n}{x}\binom{n}{m-x}}{\binom{2n}{x}} \end{aligned}$$

그러므로 위의 조건부 확률분포는 초기하 분포와 동일함을 알 수 있다.

예제 13 두 확률변수 X와 Y의 결합 확률밀도함수가 다음과 같을 때, 물음에 답하시오.

$$f(x,\,y) = \begin{cases} 2(x+y), & 0 \le x \le y \le 1, \\ 0 & ,\ otherwise \end{cases}$$

(1) 확률변수 X의 주변 확률분포를 구하시오.

(2) 확률변수 Y의 주변 확률분포를 구하시오.

(3) 확률변수 $X=x$에 대한 Y의 조건부 확률분포를 구하시오.

(4) 확률변수 $Y=y$에 대한 X의 조건부 확률분포를 구하시오.

풀이 주변 확률분포의 정의에 의하여 각각 다음과 같이 전개된다.

(1) $f_X(x) = \int_x^1 f(x, y)\, dy = \int_x^1 2(x+y)\, dy = -3x^2 + 2x + 1,\ 0 \le x \le 1$

(2) $f_Y(y) = \int_0^y f(x, y)\, dx = \int_0^y 2(x+y)\, dx = 3y^2,\ 0 \le y \le 1$

(3) $f_{Y|X}(y|x) = \dfrac{f_{X,Y}(x, y)}{f_X(x)} = \dfrac{2(x+y)}{-3x^2 + 2x + 1},\ 0 \le x \le y \le 1$

(4) $f_{X|Y}(x|y) = \dfrac{f_{X,Y}(x, y)}{f_Y(y)} = \dfrac{2(x+y)}{3y^2},\ 0 \le x \le y \le 1$

예제14 두 확률변수 X와 Y의 결합 확률밀도함수가 다음과 같을 때, 물음에 답하시오.

$$f(x, y) = \begin{cases} x^2 + \dfrac{xy}{3}, & 0 < x < 1,\ 0 < y < 2, \\ 0 & , otherwise \end{cases}$$

(1) 확률변수 X의 주변 확률분포를 구하시오.
(2) 확률변수 Y의 주변 확률분포를 구하시오.
(3) 확률변수 $X=x$에 대한 Y의 조건부 확률분포를 구하시오.
(4) 확률변수 $Y=y$에 대한 X의 조건부 확률분포를 구하시오.

풀이 주변 확률분포의 정의에 의하여 각각 다음과 같이 전개된다.

(1) $f_X(x) = \int_0^2 f(x, y)\, dy = \int_0^2 \left(x^2 + \dfrac{xy}{3}\right) dy = 2x^2 + \dfrac{2}{3}x,\ 0 < x < 1$

(2) $f_Y(y) = \int_0^y f(x, y)\, dx = \int_0^y \left(x^2 + \dfrac{xy}{3}\right) dx = \dfrac{y^2}{2},\ 0 < y < 2$

(3) $f_{Y|X}(y|x) = \dfrac{f_{X,Y}(x, y)}{f_X(x)} = \dfrac{x^2 + \dfrac{xy}{3}}{2x^2 + \dfrac{2}{3}x},\ 0 < x < 1,\ 0 < y < 2$

(4) $f_{X|Y}(x|y) = \dfrac{f_{X,Y}(x, y)}{f_Y(y)} = \dfrac{x^2 + \dfrac{xy}{3}}{\dfrac{y^3}{2}},\ 0 < x < 1,\ 0 < y < 2$

연습문제

1. 확률변수 X와 Y의 결합 확률밀도함수가 다음과 같다. 이때, X와 Y의 주변 확률밀도함수를 각각 구하시오.

$$f(x, y) = \begin{cases} e^{-(x+y)}, & x > 0, y > 0, \\ 0 & , otherwise \end{cases}$$

2. 다음의 이변수 함수가 확률변수 X와 Y의 결합 확률밀도함수임을 보이시오.

$$f(x, y) = e^{-(x+y)}, \ x > 0, \ y > 0$$

3. 다음의 이변수 함수가 확률변수 X와 Y의 결합 확률밀도함수임을 보이시오.

$$f(x, y) = 2, \ 0 \le y \le x < 1$$

4. 확률변수 X_1과 X_2의 결합 확률밀도함수가 다음과 같이 주어졌을 때, 물음에 답하시오.

$$f(x_1, x_2) = 2, \ 0 < x_2 < x_1 < 1$$

(1) 결합 확률밀도함수임을 증명하시오.
(2) X_1의 주변 확률밀도함수를 구하시오.
(3) X_2의 주변 확률밀도함수를 구하시오.
(4) $X_1 = x_1$이 주어졌을 때, X_2의 조건부 확률밀도함수를 구하시오.
(5) $X_2 = x_2$이 주어졌을 때, X_1의 조건부 확률밀도함수를 구하시오.

5. 결합 확률분포 $f(x, y)$가 다음과 같을 때, 물음에 답하시오.

$$f(x, y) = \begin{cases} k(x+y), & x = 0, 1, 2, \ y = 0, 1, 2, \\ 0 & , otherwise \end{cases}$$

(1) 상수 k를 구하시오.

(2) X의 주변 확률분포를 구하시오.

(3) Y의 주변 확률분포를 구하시오.

6. 결합 확률분포 $f(x, y)$가 다음과 같을 때, 물음에 답하시오.

$$f(x) = \begin{cases} c(x^2 + y^2), & 0 \le x \le 2,\ 1 \le y \le 4, \\ 0 & , \ otherwise \end{cases}$$

(1) 상수 c를 구하시오.

(2) X의 주변 확률분포를 구하시오.

(3) Y의 주변 확률분포를 구하시오.

7. 다음은 어떤 부품의 수명에 대한 결합확률분포이다. 다음의 확률을 구하시오.

$$f(x, y) = \begin{cases} e^{-(x+y)}, & x, y \ge 0, \\ 0 & , \ otherwise \end{cases}$$

(1) $P(X > 2,\ Y > 1)$

(2) $P(X > 2 \mid Y > 1)$

8. $f(x, y) = \begin{cases} 6xy^2, & 0 < x < 1,\ 0 < y < 1, \\ 0 & , \ otherwise \end{cases}$ 에서 두 확률변수 X와 Y는 독립인가?

9. $f(x, y) = \begin{cases} 2, & 0 < x < y < 1, \\ 0 & , \ otherwise \end{cases}$ 에서 두 확률변수 X와 Y는 독립인가?

CHAyPTER

7 공분산과 상관계수

7.1 서론

제3장에서는 한 개의 변수에 대한 기대값에 대하여 살펴보았다. 이 장에서는 이변량 확률변수에 대하여 두 변수 사이의 관계를 측정하는 기대값의 종류에 대하여 알아본다.

7.2 이변량 확률변수의 기대값

정의 1 이변량 확률변수의 기대값

두 확률변수 X와 Y의 결합 확률분포가 $f_{X,Y}(x, y)$이고, X와 Y의 이변수 함수를 $h(x, y)$라고 하자.

(1) 확률변수 X와 Y가 이산 확률변수일 때, 이변량 확률변수의 기대값은 다음과 같이 정의한다.

$$E(h(X, Y)) = \sum_{x=x_1}^{x_n} \sum_{y=y_1}^{y_n} h(x, y) \cdot f_{X,Y}(x,y)$$

(2) 확률변수 X와 Y가 연속 확률변수일 때, 이변량 확률변수의 기대값은 다음과 같이 정의한다.

$$E(h(X, Y)) = \int_{x_1}^{x_n} \int_{y_1}^{y_n} h(x, y) \cdot f_{X,Y}(x,y)\, dy\, dx$$

예제 1 공정한 주사위를 두 번 던지는 확률 실험에서 X는 나온 두 눈의 수 중에서 크거나 같은 수에 대응하는 확률변수이고, Y는 나온 두 눈 중에서 짝수인

눈의 개수에 대응하는 확률변수라고 하자. 다음의 기대값을 구하시오.

(1) $E(XY)$

(2) $E\left(\frac{X}{Y}\right)$

풀이 제6장의 예제 1에 의하여 다음의 결합 확률분포표를 이용하여 기대값을 계산한다.

Y \ X	1	2	3	4	5	6	합
0	$\frac{1}{36}$	0	$\frac{3}{36}$	0	$\frac{5}{36}$	0	$\frac{9}{36}$
1	0	$\frac{2}{36}$	$\frac{2}{36}$	$\frac{4}{36}$	$\frac{4}{36}$	$\frac{6}{36}$	$\frac{18}{36}$
2	0	$\frac{1}{36}$	0	$\frac{3}{36}$	0	$\frac{5}{36}$	$\frac{9}{36}$
합	$\frac{1}{36}$	$\frac{3}{36}$	$\frac{5}{36}$	$\frac{7}{36}$	$\frac{9}{36}$	$\frac{11}{36}$	1

(1)
$$\begin{aligned} E(XY) &= \sum_{x=1}^{6}\sum_{y=0}^{2} xy \cdot f_{X,Y}(x,y) \\ &= \sum_{x=1}^{6} x \cdot 1 \cdot f_{X,Y}(x,y) + \sum_{x=1}^{6} x \cdot 2 \cdot f_{X,Y}(x,y) \\ &= 2 \cdot \frac{2}{36} + 3 \cdot \frac{2}{36} + \cdots + 6 \cdot \frac{6}{36} + 2 \cdot 2 \cdot \frac{1}{36} + \cdots + 2 \cdot 6 \cdot \frac{5}{36} \\ &= \frac{85}{18} \end{aligned}$$

(2)
$$\begin{aligned} E\left(\frac{X}{Y}\right) &= \sum_{x=1}^{6}\sum_{y=0}^{2} \frac{x}{y} \cdot f_{X,Y}(x,y) \\ &= \sum_{x=1}^{6} \frac{1}{x} \cdot f_{X,Y}(x,y) + \sum_{x=1}^{6} \frac{2}{x} \cdot f_{X,Y}(x,y) \\ &= \frac{1}{2} \cdot \frac{2}{36} + \frac{1}{3} \cdot \frac{2}{36} + \cdots + \frac{1}{6} \cdot \frac{1}{36} + \frac{2}{2} \cdot \frac{1}{36} + \cdots + \frac{2}{6} \cdot \frac{5}{36} \\ &= \frac{259}{1080} \end{aligned}$$

예제 2 두 확률변수 X와 Y의 결합 확률밀도함수가 다음과 같을 때, $E\left(\sqrt{X^2+Y^2}\right)$을 구하시오.

$$f_{X,Y}(x,y) = \begin{cases} \frac{1}{\pi}, & x^2+y^2 \le 1, \\ 0, & otherwise \end{cases}$$

풀이 연속 확률변수의 기대값의 정의에 의하여 다음과 같이 전개된다.

$$E\left(\sqrt{X^2+Y^2}\right)=\int_{-1}^{1}\int_{-\sqrt{1-x^2}}^{\sqrt{1-x^2}}\sqrt{x^2+y^2}\cdot f_{X,\,Y}(x,\,y)\,dy\,dx$$

$$=\int_{-1}^{1}\int_{-\sqrt{1-x^2}}^{\sqrt{1-x^2}}\sqrt{x^2+y^2}\cdot\frac{1}{\pi}\,dy\,dx$$

위의 적분을 해결하기 위하여 직교좌표에서 극좌표로 변환하면, 다음과 같이 정리된다.

$$E\left(\sqrt{X^2+Y^2}\right)=\int_{0}^{2\pi}\int_{0}^{1}\frac{1}{\pi}\cdot r^2\,dr\,d\theta$$

$$=\int_{0}^{2\pi}\frac{1}{3\pi}\,d\theta=\frac{2}{3}$$

정리 1 이변량 확률변수 X와 Y에 대하여 다음이 성립한다.

(1) 두 확률변수 X와 Y의 함수를 $h(x)$와 $g(y)$라고 하면,

$$E(h(X)+g(Y))=E(h(X)+E(g(Y))$$

이다.

(2) 두 확률변수 X와 Y가 독립이면,

$$E(h(X)\cdot g(Y))=E(h(X))\cdot E(g(Y))$$

이다.

증 명

(1) 이산 확률변수의 기대값의 정의에 의하여 다음과 같이 전개된다.

$$E(h(X)+g(Y))=\sum_{x=x_1}^{x_n}\sum_{y=y_1}^{y_n}(h(x)+g(y))\cdot f_{X,\,Y}(x,\,y)$$

$$=\sum_{x=x_1}^{x_n}\sum_{y=y_1}^{y_n}h(x)\cdot f_{X,\,Y}(x,\,y)+\sum_{x=x_1}^{x_n}\sum_{y=y_1}^{y_n}g(y)\cdot f_{X,\,Y}(x,\,y)$$

$$=\sum_{x=x_1}^{x_n}h(x)\left(\sum_{y=y_1}^{y_n}f_{X,\,Y}(x,\,y)\right)+\sum_{y=y_1}^{y_n}g(y)\left(\sum_{x=x_1}^{x_n}f_{X,\,Y}(x,\,y)\right)$$

$$=\sum_{x=x_1}^{x_n}h(x)\cdot f_X(x)+\sum_{y=y_1}^{y_n}g(y)\cdot f_Y(y)$$

$$=E(h(X,\,Y))+E(g(X,\,Y))$$

연속 확률변수에 대한 증명은 생략한다.

(2) 이산 확률변수에 대한 증명은 생략하고, 연속 확률변수의 기대값의 정의에 의하여 다음과 같이 전개된다.

$$E(h(X)\cdot g(X))=\int_{x_1}^{x_n}\int_{y_1}^{y_n} h(x)\cdot g(y)\cdot f_{X,Y}(x,y)\,dy\,dx$$

두 확률변수가 서로 독립이므로, 다음과 같이 정리된다.

$$\begin{aligned}E(h(X)\cdot g(X))&=\int_{x_1}^{x_n}\int_{y_1}^{y_n} h(x)\cdot g(y)\cdot f_X(x)\cdot f_Y(y)\,dy\,dx\\&=\left(\int_{x_1}^{x_n} h(x)\cdot f_X(x)\,dx\right)\cdot\left(\int_{y_1}^{y_n} g(y)\cdot f_Y(y)\,dy\right)\\&=E(h(X))\cdot E(g(Y))\end{aligned}$$

정의 2 공분산

두 확률변수 X와 Y에 대하여, 한 확률변수의 변화에 대한 다른 확률변수의 변화하는 관계의 측도를 공분산(covariance)이라고 한다. 공분산은 다음과 같은 기대값으로 정의하고, $Cov\,(X, Y)$ 또는 σ_{XY}로 표기한다.

$$Cov\,(X, Y)=E((X-\mu_X)\cdot(Y-\mu_Y))$$

여기에서 $E(X)=\mu_X$이고, $E(Y)=\mu_Y$이다.

앞에서 정의된 공분산은 복잡하므로, 실제로는 다음과 같이 정리한 식을 주로 사용한다.

$$\begin{aligned}Cov\,(X, Y)&=E((X-\mu_X)\cdot(Y-\mu_Y))\\&=E(XY-\mu_X\cdot Y-\mu_Y\cdot X+\mu_X\mu_Y)\\&=E(XY)-\mu_X E(Y)-\mu_Y E(X)+\mu_X\mu_Y\\&=E(XY)-E(X)E(Y)\end{aligned}$$

정리 2 공분산의 성질

이변량 확률변수 X와 Y에 대하여 다음이 성립한다.

(1) 선형 변환된 확률변수의 공분산은

$$Cov\,(aX+b, cY+d)=ac\cdot Cov\,(X, Y)$$

이다.

(2) 두 확률변수 X와 Y가 독립이면,

$$Cov(X, Y) = 0$$

이다.

증 명

공분산의 변형식에 의하여 다음과 같이 전개된다.

(1) $$\begin{aligned} Cov(aX+b, cY+d) &= E((aX+b)\cdot(cY+d)) - E(aX+b)\cdot E(cY+d) \\ &= acE(XY) + adE(X) + bcE(Y) + bd \\ &\quad - acE(X)\cdot E(Y) - adE(X) - bcE(Y) - bd \\ &= ac\cdot Cov(X, Y) \end{aligned}$$

(2) [정리 1]에서 두 확률변수가 독립이면, $E(XY) = E(X)E(Y)$ 임을 이용하면 간단히 증명된다.

$$Cov(X, Y) = E(XY) - E(X)E(Y) = 0$$

정의 3 상관계수

두 확률변수 X와 Y에 대하여, 각 확률변수의 기대값과 분산에 의하여 다음과 같이 정의된 기대값을 상관계수(correlation)라 하고, $Corr(X, Y)$ 또는 ρ_{XY}로 표기한다.

$$Corr(X, Y) = \frac{Cov(X, Y)}{\sqrt{V(X)}\cdot\sqrt{V(Y)}}$$

예제 3 공정한 주사위를 두 번 던지는 확률 실험에서 X는 나온 두 눈의 수 중에서 크거나 같은 수에 대응하는 확률변수이고, Y는 나온 두 눈 중에서 짝수인 눈의 개수에 대응하는 확률변수라고 하자. 다음을 구하시오.

(1) 공분산

(2) 상관계수

풀이 예제 1의 확률분포표를 이용하여 다음의 기대값을 계산한다.

① $E(X) = \sum_{x=1}^{6} x\cdot f_X(x) = 1\cdot\frac{1}{36} + 2\cdot\frac{3}{36} + \cdots + 6\cdot\frac{11}{36} = \frac{161}{36}$

② $E(Y)=\sum_{y=0}^{2} y \cdot f_Y(y)=1 \cdot \frac{18}{36}+2 \cdot \frac{9}{36}=1$

③ $E(XY)=\sum_{x=1}^{6}\sum_{y=0}^{2} xy \cdot f_{X,Y}(x,y)=\frac{85}{18}$

④ $E(X^2)=\sum_{x=1}^{6} x^2 \cdot f_X(x)=1 \cdot \frac{1}{36}+2^2 \cdot \frac{3}{36}+\cdots+6^2 \cdot \frac{11}{36}=\frac{791}{36}$

⑤ $E(Y^2)=\sum_{y=0}^{2} y^2 \cdot f_Y(y)=1 \cdot \frac{18}{36}+2^2 \cdot \frac{9}{36}=\frac{3}{2}$

⑥ $V(X)=E(X^2)-(E(X))^2=\frac{2555}{1296}$

⑦ $V(Y)=E(Y^2)-(E(Y))^2=\frac{1}{2}$

(1) $Cov(X, Y)=E(XY)-E(X)E(Y)=\frac{85}{18}-\frac{161}{36}=\frac{1}{4}$

(2) $Corr(X, Y)=\frac{Cov(X, Y)}{\sqrt{V(X)} \cdot \sqrt{V(Y)}}=\frac{\frac{1}{4}}{\sqrt{\frac{2555}{1296}}\sqrt{\frac{1}{2}}} \fallingdotseq 0.2518$

예제 4 두 확률변수 X와 Y의 결합 확률밀도함수가 아래와 같을 때, 다음을 구하시오.

$$f(x, y)=\begin{cases} x+y, & 0 \le x \le 1, 0 \le y \le 1, \\ 0 & , otherwise \end{cases}$$

(1) 공분산

(2) 상관계수

풀이 제6장 예제 6에서 각 확률변수 X와 Y의 주변 확률분포를 구하였다. 즉, $f_X(x)=x+\frac{1}{2}$ 이고, $f_Y(y)=y+\frac{1}{2}$이다. 이 확률분포를 이용하여 다음의 기대값을 계산한다.

① $E(X)=\int_0^1 x \cdot f_X(x)\,dx=\int_0^1 x \cdot \left(x+\frac{1}{2}\right)dx=\frac{7}{12}$

② $E(Y)=\int_0^1 y \cdot f_Y(y)\,dy=\int_0^1 y \cdot \left(y+\frac{1}{2}\right)dy=\frac{7}{12}$

③ $E(XY)=\int_0^1\int_0^1 xy \cdot f_{X,Y}(x,y)\,dy\,dx=\int_0^1\int_0^1 xy \cdot (x+y)\,dy\,dx=\frac{1}{3}$

④ $E(X^2)=\int_0^1 x^2 \cdot f_X(x)\,dx=\int_0^1 x^2 \cdot \left(x+\frac{1}{2}\right)dx=\frac{5}{12}$

⑤ $E(Y^2)=\int_0^1 y^2 \cdot f_Y(y)\,dy=\int_0^1 y^2 \cdot \left(y+\frac{1}{2}\right)dy=\frac{5}{12}$

⑥ $V(X)=E(X^2)-(E(X))^2=\frac{11}{144}$

⑦ $V(Y)=E(Y^2)-(E(Y))^2=\frac{11}{144}$

(1) $Cov(X, Y)=E(XY)-E(X)E(Y)=\frac{1}{3}-\frac{49}{144}=-\frac{1}{144}$

(2) $Corr(X, Y)=\frac{Cov(X, Y)}{\sqrt{V(X)}\cdot\sqrt{V(Y)}}=\frac{-\frac{1}{144}}{\sqrt{\frac{11}{144}}\sqrt{\frac{11}{144}}}=-\frac{1}{11}\fallingdotseq-0.09$

연습문제

1. 확률변수 X와 Y에 대한 결합 확률밀도함수가 다음과 같을 때, 물음에 답하시오.

$$f(x, y) = \begin{cases} x+y, & 0<x<1,\ 0<y<1 \\ 0 & , otherwise \end{cases}$$

(1) $E(X)$를 구하시오.
(2) $E(Y)$를 구하시오.
(3) $V(X)$를 구하시오.
(4) $V(Y)$를 구하시오.
(5) $Cov(X, Y)$를 구하시오.

2. 공정한 주사위를 두 번 던지는 시행에서 처음 나오는 눈의 수를 확률변수 X_1이라 하고, 두 번째 나오는 눈의 수를 확률변수 X_2라고 하자. Y_1 =크거나 같은 $\{X_1, X_2\}$으로 하고, $Y_2 = X_1 + X_2$라고 할 때, 다음을 구하시오.

(1) 결합 확률분포를 구하시오.
(2) Y_1의 주변 확률분포를 구하시오.
(3) Y_2의 주변 확률분포를 구하시오.
(4) Y_1과 Y_2의 공분산을 구하시오.

3. 다음의 결합 확률분포에 대하여 물음에 답하시오.

X \ Y	1	2	3
0	$\frac{1}{8}$	0	0
1	0	$\frac{1}{8}$	$\frac{2}{8}$
2	0	$\frac{1}{8}$	$\frac{2}{8}$
3	$\frac{1}{8}$	0	0

(1) $E(XY)$를 구하시오.

(2) $E\left(\frac{X}{Y}\right)$를 구하시오.

4. 다음 결합분포에 대하여, 다음을 구하시오.

Y \ X	-1	0	1	$f_Y(y)$
0	0	$\frac{1}{3}$	0	$\frac{1}{3}$
1	$\frac{1}{3}$	0	$\frac{1}{3}$	$\frac{2}{3}$
$f_X(x)$	$\frac{1}{3}$	$\frac{1}{3}$	$\frac{1}{3}$	1

(1) $E(X)$

(2) $E(Y)$

(3) $E(XY)$

(4) $Cov(X, Y)$

(5) X와 Y는 독립인가?

5. 한 개의 동전을 3번 던질 때, 두 번 던질 때까지의 앞면의 개수를 확률변수 X라 하고, 세 번째 던졌을 때 나온 앞면의 수를 확률변수 Y라고 할 때, 다음을 구하시오.

(1) 결합 확률분포

(2) 기대값

(3) 공분산

(4) 상관계수

연습문제 해답

제 1 장 확률과 경우의 수

1. (1) 59가지 (2) 44가지
2. (1) ${}_4H_6$ (2) ${}_4\Pi_6$
3. 63개
4. 63가지
5. 90가지
6. $\{1, 3, 5\}$
7. 2가지
8. 12
9. 9가지
10. (1) 6개 (2) 8개
11. (1) 1 (2) 0
12. (1) $\frac{53}{58}$ (2) 1 (3) 0
13. (1) $\frac{1}{9}$ (2) $\frac{2}{9}$
14. $\frac{1}{5}$
15. (1) $\frac{2}{19}$ (2) $\frac{5}{114}$
16. $\frac{7}{18}$
17. $\frac{1}{6}$
18. (1) $\frac{2}{15}$ (2) $\frac{1}{4}$ (3) $\frac{3}{5}$ (4) $\frac{7}{12}$ (5) $\frac{13}{20}$
19. (1) $\frac{2}{5}$ (2) $\frac{1}{5}$
20. (1) $\frac{(n+5)(n+4)(n+3)}{6}$

    (2) $\frac{5n(n-1)}{2} / \frac{(n+5)(n+4)(n+3)}{6}$ 또는 $\frac{15n(n-1)}{(n+3)(n+4)(n+5)}$

    (3) 0
21. 0.95
22. $\frac{2}{5}$
23. $\frac{4}{7}$
24. 0.04
25. $\frac{5}{6}$
26. $\frac{1}{115}$
27. 0.26
28. $\frac{6}{13}$

29. $\frac{2}{3}$

30. $\frac{1}{20}=0.05$

제 2 장 확률변수와 확률분포

1. (1) 이산 확률변수 (2) 연속 확률변수
   (3) 이산 확률변수 (4) 이산 확률변수
   (5) 연속 확률변수 (6) 연속 확률변수
   (7) 이산 확률변수

2. (1) $\frac{5}{12}$ (2) $\frac{2}{3}$ (3) $\frac{1}{2}$ (4) $\frac{1}{4}$ (5) $\frac{1}{6}$

3. $\frac{1}{2}$

4.

X	0	1	2	3	합
$P(X=x)$	$\frac{1}{8}$	$\frac{3}{8}$	$\frac{3}{8}$	$\frac{1}{8}$	1

5.

X	1	2	3	4	5	6	8	9	10	12	15	16	18	20	24	25	30	36	합
$P(X=x)$	$\frac{1}{36}$	$\frac{2}{36}$	$\frac{2}{36}$	$\frac{3}{36}$	$\frac{2}{36}$	$\frac{4}{36}$	$\frac{2}{36}$	$\frac{1}{36}$	$\frac{2}{36}$	$\frac{4}{36}$	$\frac{2}{36}$	$\frac{1}{36}$	$\frac{2}{36}$	$\frac{2}{36}$	$\frac{2}{36}$	$\frac{1}{36}$	$\frac{2}{36}$	$\frac{1}{36}$	1

6. $f(x)=\left(\frac{1}{2}\right)^{x+1}$, $x=0, 1, 2, \cdots$

7. 확률의 합이 1을 넘으므로 확률분포가 아니다.

8.

X	10	100	500	합
$P(X=x)$	$\frac{5}{19}$	$\frac{10}{19}$	$\frac{4}{19}$	1

9.

X	−500	1000	합
$P(X=x)$	$\frac{1}{2}$	$\frac{1}{2}$	1

10.

X	−2	−1	0	1	2	4	합
$P(X=x)$	$\frac{28}{91}$	$\frac{16}{91}$	$\frac{1}{91}$	$\frac{32}{91}$	$\frac{8}{91}$	$\frac{6}{91}$	1

11. $X=0, 1, 2$

X	0	1	2	합계
$P(X=x)$	$\frac{1}{4}$	$\frac{1}{2}$	$\frac{1}{4}$	1

12. $X=2, 3, \cdots, 12$

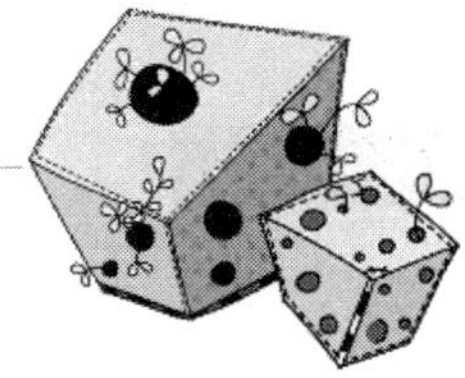

X	2	3	4	5	6	7	8	9	10	11	12	합계
$P(X=x)$	$\frac{1}{36}$	$\frac{2}{36}$	$\frac{3}{36}$	$\frac{4}{36}$	$\frac{5}{36}$	$\frac{6}{36}$	$\frac{5}{36}$	$\frac{4}{36}$	$\frac{3}{36}$	$\frac{2}{36}$	$\frac{1}{36}$	1

13\. (1) $k=\frac{1}{14}$ (2) $F(x)=\begin{cases} 0, & x<1 \\ \frac{2}{14}=\frac{1}{7}, & 1\le x<2 \\ \frac{5}{14}, & 2\le x<3 \\ \frac{9}{14}, & 3\le x<4 \\ 1, & x\ge 4 \end{cases}$

14\. (1) $c=\frac{1}{2}$ (2) $P(X\ge 1)=\frac{3}{4}$ (3) $F(x)=\begin{cases} 0, & x<0 \\ \frac{1}{4}x^2, & 0\le x<2 \\ 1, & x\ge 2 \end{cases}$

제 3 장 기대값과 분산

1\. $E(X)=0.5$, $V(X)=0.75$ 2. $E(X)=1$, $V(X)=\frac{1}{2}$

3\. $\frac{35}{12}$ 4. $E(X)=\frac{4}{5}$, $V(X)=\frac{12}{25}$

5\. (1) $M_X(t)=\frac{e^t}{2-e^t}$ (2) $E(X)=2$ (3) $V(X)=2$

6\. (1) $M_X(t)=\frac{4e^t}{5(5-e^t)}$ (2) $E(X)=\frac{1}{4}$ (3) $V(X)=\frac{5}{16}$

7\. (1) $E(X)=1$ (2) $\frac{1}{3}$

8\. (1) $M_X(t)=\frac{1}{2(1-2t)}$ (2) $E(X)=1$ (3) $V(X)=3$

9\. (1) 105 (2) −10 (3) 5 (4) 5

10\. $\frac{4}{5}$

제 4 장 이산 확률분포

1\. $f(x)={}_5C_x\left(\frac{1}{6}\right)^x\left(\frac{5}{6}\right)^{5-x}$, $x=0, 1, 2, \cdots$

2\. (1) $(1-p)^3(3p^2+2p+1)$ (2) $0<p<\frac{1}{3}$

4. 0.118

5. $f(x) = \dfrac{e^{-4} \cdot 4^x}{x\,!}$, $x = 0, 1, 2, \cdots$

6. (1) 0.03993 (2) 0.03993 (3) 0.958316 (5) 0.041684

7. (1) 0.1157 (2) 0.0089

8. 0.0613

9. $\dfrac{3}{8}$

10. $f(x) = {}_4C_x\, p^x q^{4-x}$, $x = 0, 1, \cdots, 4$

11. 0.0596

12. (1) 0.0041 (2) 0.0467 (3) 0.0276 (4) 0.22184

13. 100

14. 0.13824

15. 0.058

16. 0.07039

17. (1) 0.147 (2) 0.51

18. $f(x) = \dfrac{{}_2C_x \cdot {}_3C_{3-x}}{{}_5C_3}$, $x = 0, 1, 2$

19. 0.1804

20. 0.1008

제 5 장 연속 확률분포

1. 0.3829

2. 0.3413

3. 683명

4. 67등

5. $a = 0.83$, $b = 12.8$

6. $\dfrac{1}{4}$

7. (1) e^{-9} (2) e^{-9}

8. (1) 0.0228 (2) 0.1587 (3) 0.8185

9. 0.1151

10. $c = 3.29$

11. (1) 0.1303 (2) 0.1303

제 6 장 결합 확률분포

1. $f_X(x) = e^{-x}$, $x > 0$, $f_Y(y) = e^{-y}$, $y > 0$

2. $\int_0^\infty \int_0^\infty e^{-(x+y)}\, dy\, dx = 1$ 또는 $\int_0^\infty \int_0^\infty e^{-(x+y)}\, dx\, dy = 1$임을 보인다.

3. $\int_0^1 \int_0^x 2\, dy\, dx = 1$임을 보인다.

4. (2) $f_{X_1}(x_1) = 2x_1$ (3) $f_{X_2}(x_2) = 2$ (4) $f(x_2 \mid x_1) = \dfrac{1}{x_1}$ (5) $f(x_1 \mid x_2) = 1$

5. (1) $k=\frac{1}{18}$ (2) $f_X(x)=\frac{1}{6}(x+1)$ (3) $f_Y(y)=\frac{1}{6}(y+1)$

6. (1) $c=\frac{1}{50}$ (2) $f_X(x)=\frac{1}{50}(3x^2+21)$ (3) $f_Y(y)=\frac{1}{50}\left(2y^2+\frac{8}{3}\right)$

7. (1) e^{-3} (2) $\frac{1}{e^2}$

8. 독립이다.

제 7 장 공분산과 상관계수

1. (1) $\frac{7}{12}$ (2) $\frac{7}{12}$ (3) $\frac{11}{144}$ (4) $\frac{11}{144}$ (5) $-\frac{1}{144}$

2. (1)

Y_1 \ Y_2	2	3	4	5	6	7	8	9	10	11	12	합
1	$\frac{1}{36}$	0	0	0	0	0	0	0	0	0	0	$\frac{1}{36}$
2	0	$\frac{2}{36}$	$\frac{1}{36}$	0	0	0	0	0	0	0	0	$\frac{3}{36}$
3	0	0	$\frac{2}{36}$	$\frac{2}{36}$	$\frac{1}{36}$	0	0	0	0	0	0	$\frac{5}{36}$
4	0	0	0	$\frac{2}{36}$	$\frac{2}{36}$	$\frac{2}{36}$	$\frac{1}{36}$	0	0	0	0	$\frac{7}{36}$
5	0	0	0	0	$\frac{2}{36}$	$\frac{2}{36}$	$\frac{2}{36}$	$\frac{2}{36}$	$\frac{1}{36}$	0	0	$\frac{9}{36}$
6	0	0	0	0	0	$\frac{2}{36}$	$\frac{2}{36}$	$\frac{2}{36}$	$\frac{2}{36}$	$\frac{2}{36}$	$\frac{1}{36}$	$\frac{11}{36}$
합계	$\frac{1}{36}$	$\frac{2}{36}$	$\frac{3}{36}$	$\frac{4}{36}$	$\frac{5}{36}$	$\frac{6}{36}$	$\frac{5}{36}$	$\frac{4}{36}$	$\frac{3}{36}$	$\frac{2}{36}$	$\frac{1}{36}$	1

(2)

Y_1	1	2	3	4	5	6	합계
$P(Y_1=y_1)$	$\frac{1}{36}$	$\frac{3}{36}$	$\frac{5}{36}$	$\frac{7}{36}$	$\frac{9}{36}$	$\frac{11}{36}$	1

(3)

Y_2	2	3	4	5	6	7	8	9	10	11	12	합계
$P(Y_2=y_2)$	$\frac{1}{36}$	$\frac{2}{36}$	$\frac{3}{36}$	$\frac{4}{36}$	$\frac{5}{36}$	$\frac{6}{36}$	$\frac{5}{36}$	$\frac{4}{36}$	$\frac{3}{36}$	$\frac{2}{36}$	$\frac{1}{36}$	1

(4) $Cov(Y_1, Y_2)=\frac{1232}{36}-\frac{161}{36}\cdot\frac{252}{36}=\frac{3780}{36^2}$

3. (1) $\frac{27}{8}$ (2) $\frac{13}{16}$

4. (1) $E(X)=0$ (2) $E(Y)=\frac{2}{3}$ (3) $E(XY)=0$ (4) $Cov(X, Y)=0$ (5) 독립

5. (1)

$Y \backslash X$	0	1	2	$f_Y(y)$
0	$\frac{1}{8}$	$\frac{1}{4}$	$\frac{1}{8}$	$\frac{1}{2}$
1	$\frac{1}{8}$	$\frac{1}{4}$	$\frac{1}{8}$	$\frac{1}{2}$
$f_X(x)$	$\frac{1}{4}$	$\frac{1}{2}$	$\frac{1}{4}$	1

(2) $E(X)=1$, $E(Y)=\frac{1}{2}$, $E(XY)=\frac{1}{2}$

(3) $Cov(X, Y)=0$

(4) $Corr(X, Y)=0$

『확률과 통계』 임용고사 기출문제

[1990학년도 기출문제]

크기와 모양이 똑같은 흰 공 8개, 검은 공 4개를 원형으로 나열할 때, 나열할 수 있는 방법의 수를 구하여라.

해답 43가지

풀이 (첫 번째 방법) 우선 흰 공 8개를 원형으로 배열한 후 검은 공을 다음의 경우로 나눈다.

(1) 검은 공이 4개가 뭉쳐있는 경우 : 1가지

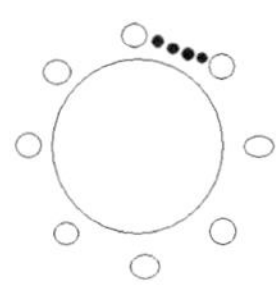

(2) 검은 공이 3개, 1개로 나누어진 경우 :7가지

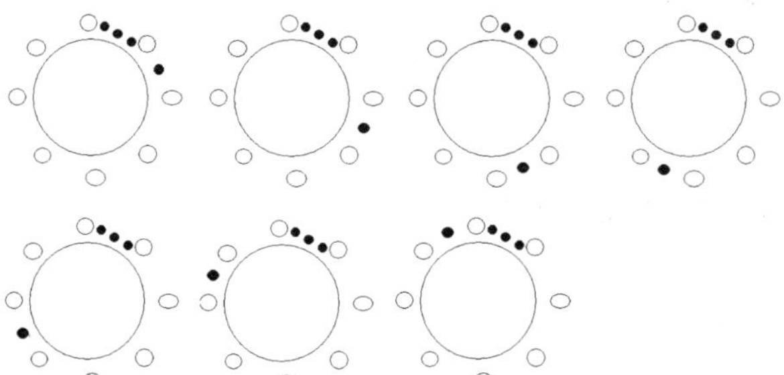

(3)검은 공이 2개, 2개로 나누어진 경우 : 4가지

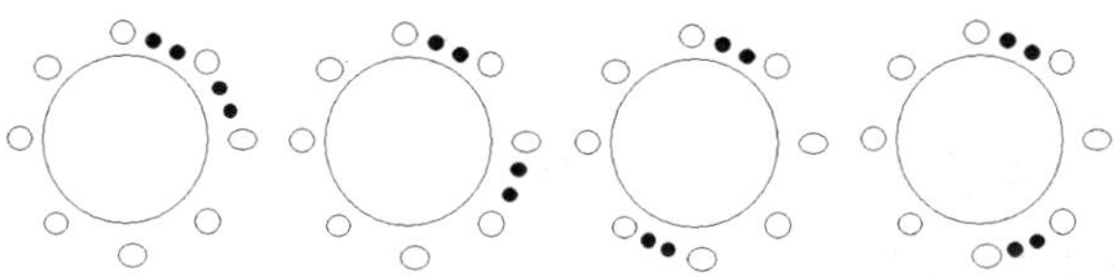

(4) 검은 공이 2개, 1개, 1개로 나누어진 경우

아래의 그림에서 흰공 사이의 공간 7개 중에서 2개를 골라내는 것이므로: $_7C_2=21$가지

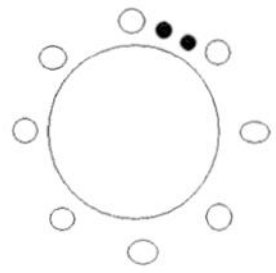

(5) 검은 공이 1개, 1개, 1개, 1개로 나누어진 경우 : 10가지

여기에서 다시 5가지의 경우로 나누어진다.

ㄱ. 4개 연속 : 1가지

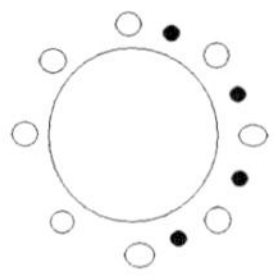

ㄴ. 3개 연속, 1개 따로 : 3가지

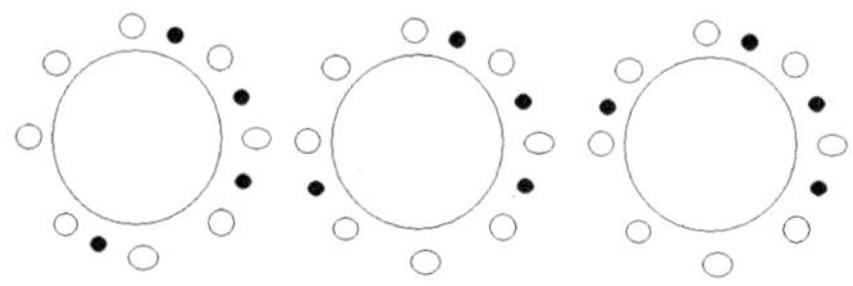

ㄷ. 2개 +2개 : 2가지

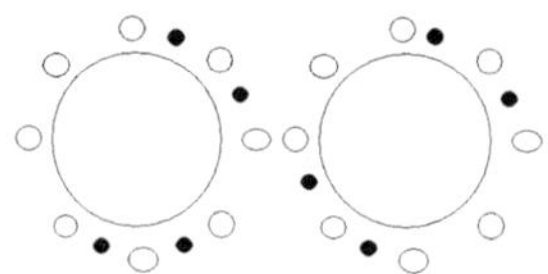

ㄹ. 2개+1개+1개 : 3가지

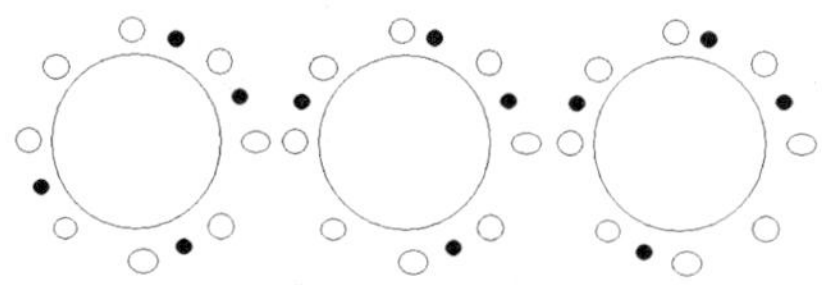

ㅁ. 4개가 완전 따로 : 1가지

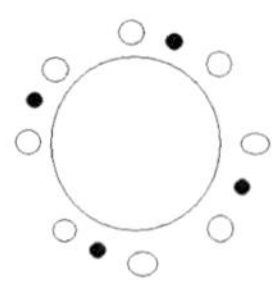

총합 : 1+7+4+21+10=43 가지

(두 번째 방법) 원순열의 공식을 이용한다.

i) 순환마디가 12인 경우

$$\frac{\frac{12!}{8!4!}-\frac{6!}{4!2!}}{12} = 40$$

ii) 순환마디가 6인 경우

$$\frac{\frac{6!}{4!2!}-\frac{3!}{2!1!}}{6} = 2$$

iii) 순환마디가 3인 경우

$$\frac{\frac{3!}{2!1!}}{3} = 1$$

각각의 경우는 동시에 일어나지 않는다. 따라서 합의 법칙을 적용하면 다음과 같다.

$\therefore$ i)+ii)+iii) = 40+2+1= 43

어느 학교의 입학 성적이 정규분포 $N(65,10^2)$를 따른다고 한다. 수험생 1600명 중에서 위에서부터 40등 이내에 들어가려면 몇 점 이상을 받아야 하는지 계산하여라.(단, $Z=\frac{X-\mu}{\sigma}$이라 할 때, $P(0 \le Z \le 1.96)=0.475$이고, 점수는 정수로 한다.)

해답 85점

풀이 X를 입학 성적이라 하자.

즉, $X \sim N(65, 10^2)$이다.

따라서 $P(X \ge x)=\frac{40}{1600}=\frac{1}{40}=0.025$

즉, $P(X \ge x)=0.025$

$$\Rightarrow P\left(\frac{X-65}{10} \ge \frac{x-65}{10}\right)=0.025$$

$$\Rightarrow P\left(Z \ge \frac{x-65}{10}\right)=0.025$$

$$\Rightarrow 1-P\left(Z \le \frac{x-65}{10}\right)=0.025$$

$$\Rightarrow P\left(Z \le \frac{x-65}{10}\right)=0.975$$

이때 $P(0 \le Z \le 1.96)=0.475$이므로,

$$P(Z \le 1.96)=0.5+P(0 \le Z \le 1.96)$$
$$=0.5+0.475$$
$$=0.975$$ 이다.

즉, $P(Z \le 1.96)=0.975$

그러므로 $\frac{x-65}{10}=1.96$

따라서 $x=84.6$이다.

그런데 반올림하여 85점 이상을 받아야 40등 이내에 들어간다.

●○ $X_1, X_2, \cdots, X_n$이 평균 m, 분산 σ^2인 동일한 확률분포를 따르고, 서로 독립이다. 이때 $\overline{X}=\frac{1}{n}(X_1+X_2+\cdots+X_n)$이라 하면, n이 충분히 클 때, $\overline{X}$는 어떤 정규분포에 따르는가?

해답 $N\left(m, \frac{\sigma^2}{n}\right)$

풀이 정규분포는 평균과 분산에 의해서 결정되는 분포이므로, $\overline{X}$의 평균과 분산을 구하면 되겠다.

우선 조건에 의하면 $X_i \sim N(m, \sigma^2)$이다. $(i=1, \cdots, n)$

$$\begin{aligned} E(\overline{X}) &= E\left\{\frac{1}{n}(X_1+\cdots+X_n)\right\} \\ &= \frac{1}{n}\{E(X_1)+\cdots+E(X_n)\} \\ &= \frac{1}{n}\{m+\cdots+m\} \\ &= m \end{aligned}$$

$$\begin{aligned} V(\overline{X}) &= E\{(\overline{X}-m)^2\} \\ &= E\left\{\left(\frac{X_1+\cdots+X_n}{n}-m\right)^2\right\} \\ &= \frac{1}{n^2}E\{X_1+\cdots+X_n-nm)^2\} \\ &= \frac{1}{n^2}E\{[(X_1-m)+\cdots+(X_n-m)]^2\} \\ &= \frac{1}{n^2}E\{(X_1-m)^2+\cdots+(X_n-m)^2+2(X_1-m)(X_2-m)+\cdots+2(X_{n-1}-m)(X_n-m)\} \\ &= \frac{1}{n^2}\{E[(X_1-m)^2]+\cdots+E[(X_n-m)^2]+2E[(X_1-m)(X_2-m)] \\ &\quad +\cdots+2E[(X_{n-1}-m)(X_n-m)]\} \\ &= \frac{1}{n^2}\{V(X_1)+\cdots+V(X_n)+2\mathrm{Cov}(X_1, X_2)+\cdots+2\mathrm{Cov}(X_{n-1}, X_n)\} \\ &= \frac{1}{n^2}\{\sigma^2+\cdots+\sigma^2\} \\ &= \frac{\sigma^2}{n} \end{aligned}$$

$$\therefore \overline{X} \sim N(m, \frac{\sigma^2}{n})$$

[1992학년도 기출문제]

두 개의 동전을 동시에 6회 던져 모두 앞면이 나오는 회수를 X, 적어도 한 개가 뒷면이 나오는 회수를 Y라 할 때, $(X-Y)^2$의 기대값을 구하여라.

해답 $\frac{27}{2}$

풀이 주어진 문제의 조건을 쓰면 다음과 같다.

즉, $X \sim B\left(6, \frac{1}{4}\right)$ & $X+Y=6$이다.

$$E(X) = 6 \times \frac{1}{4} = \frac{3}{2}$$

$$V(X) = 6 \times \frac{1}{4} \times \frac{3}{4} = \frac{8}{9}$$

즉, $V(X) = \frac{8}{9}$

$$\Rightarrow E(X^2) - (E(X))^2 = \frac{8}{9}$$

$$\Rightarrow E(X^2) - \left(\frac{3}{2}\right)^2 = \frac{8}{9}$$

$$\Rightarrow E(X^2) = \frac{27}{8}$$

따라서

$$\begin{aligned} E[(X-Y)^2] &= E[(X-6+X)^2] \\ &= E[(2X-6)^2] \\ &= E[4X^2 - 24X + 36] \\ &= 4E(X^2) - 24E(X) + 36 \\ &= 4 \times \frac{27}{8} - 24 \times \frac{3}{2} + 36 \\ &= \frac{27}{2} \end{aligned}$$

구간 [0, 1]에서 독립적으로 세 수 x_1, x_2, x_3을 취하여 이들의 최대값을 확률변수 X로 할 때, X의 확률밀도함수 $f(x)$를 구하여라.

해답 $f(x) = 3x^2$

풀이 $Y \sim U(0, 1)$

$f(y)=1$이므로 $F(y)=P(Y \le y)=\int_0^y f(t)dt = y$이 된다.

즉, $F_Y(y)=y$

이때 $X=\max(X_1, X_2, X_3)$이므로, 이것의 분포함수를 구한다.

$$\begin{aligned} F_X(x) &= P(X \le x) \\ &= P[\max(X_1, X_2, X_3) \le x)] \\ &= P(X_1 \le x, X_2 \le x, X_3 \le x) \\ &= P(X_1 \le x)P(X_2 \le x)P(X_3 \le x) \\ &= F_{X1}(x)\ F_{X2}(x)\ F_{X3}(x) \\ &= [F_Y(x)]^3 \\ &= x^3 \end{aligned}$$

따라서 $f(x)=3x^2$이다.

확률변수 X의 확률밀도함수가 $f(x)=\begin{cases} c, & 2<x<4, \\ 0, & x \le 2, x \ge 4 \end{cases}$ 일 때, 상수 c의 값을 구하여라.

해답 -3

풀이 연속확률밀도함수의 다음 성질을 이용한다.

즉, $\int_{-\infty}^{\infty} f(x)dx = 1$이다.

$\Rightarrow \int_2^4 f(x)dx = 1$

$\Rightarrow \int_2^4 c\,dx = 1$

$\Rightarrow [cx]_2^4 = 1$

$\Rightarrow c(4-2)=1$

따라서 $c=\frac{1}{2}$이다.

이항 분포 $B(n, p)$에서 n이 충분히 크고, p가 충분히 작으면, 어떤 분포에 가까워지는가?

해답 포아송 분포

풀이 $X \sim B(n, p)$라 하자.

즉, $f(x)=\binom{n}{x}p^x(1-p)^{n-x},\ \ x=0,\ 1,\ \cdots,\ n$

이때 $np=\lambda$라 하자.

그러면 $p=\dfrac{\lambda}{n}$가 되고, 다음 식을 만족한다.

$$\begin{aligned}\lim_{n\to\infty}f(x)&=\lim_{n\to\infty}\binom{n}{x}p^x(1-p)^{n-x}\\&=\lim_{n\to\infty}\frac{n(n-1)\cdots(n-x+1)}{x!}\left(\frac{\lambda}{n}\right)^x\left(1-\frac{\lambda}{n}\right)^{n-x}\\&=\frac{\lambda^x}{x!}\lim_{n\to\infty}\left\{\left(\frac{n}{n}\cdots\frac{n-1}{n}\cdots\frac{n-x+1}{n}\right)\left(1-\frac{\lambda}{n}\right)^n\left(1-\frac{\lambda}{n}\right)^{-x}\right\}\\&=\frac{x^x}{x!}\lim_{n\to\infty}\left(\frac{n}{n}\cdots\frac{n-x+1}{n}\right)\lim_{n\to\infty}\left(1-\frac{\lambda}{n}\right)^n\lim_{n\to\infty}\left(1-\frac{\lambda}{n}\right)^{-x}\\&=\frac{x^x}{x!}\cdot1\cdot\lim_{n\to\infty}\left(1-\frac{\lambda}{n}\right)^n\cdot1\\&=\frac{\lambda^x}{x!}\lim_{n\to\infty}\left[\left(1-\frac{\lambda}{n}\right)^{-\frac{n}{\lambda}}\right]^{-\lambda}\\&=\frac{\lambda^x e^{-\lambda}}{x!}\end{aligned}$$

따라서 포아송분포이다.

●○ 주머니 속에 앞면이 나올 확률이 각각 $\dfrac{1}{4}$, $\dfrac{1}{2}$, $\dfrac{3}{4}$인 동전 C_1, C_2, C_3가 한 개씩 들어 있다. 이 주머니에서 임의로 한 개의 동전을 꺼내 4번 던졌더니 앞면이 2번 나왔다. 균형 잡힌 동전 C_2가 꺼내졌을 확률을 구하여라.

해답 $\dfrac{8}{17}$

풀이 E : 앞면이 2번 나오는 사건

C_1 : 동전 C_1이 나올 사건

C_2 : 동전 C_2가 나올 사건

C_3 : 동전 C_3가 나올 사건이라 하자.

따라서 $$\begin{aligned}P(C_2|E)&=\frac{P(C_2\cap E)}{P(E)}\\&=\frac{P(C_2)}{P(E)}\\&=\frac{\frac{1}{3}\times\binom{4}{2}\left(\frac{1}{2}\right)^2\left(\frac{1}{2}\right)^2}{\frac{1}{3}\times\binom{4}{2}\left(\frac{1}{4}\right)^2\left(\frac{3}{4}\right)^2+\frac{1}{3}\times\binom{4}{2}\left(\frac{1}{2}\right)^2\left(\frac{1}{2}\right)^2+\frac{1}{3}\times\binom{4}{2}\left(\frac{3}{4}\right)^2\left(\frac{1}{4}\right)^2}\end{aligned}$$

$$=\frac{8}{17}$$

[1993학년도 기출문제]

●○ $\sum_{j=1}^{9}\left(\sum_{i=j}^{9}{}_iC_j\right)$을 계산하여라.(단, 기호 ${}_iC_j$는 서로 다른 i개에서 j개를 택하는 조합의 수이다.)

해답 1013

풀이

$$\begin{aligned}\sum_{j=1}^{9}\left(\sum_{i=j}^{9}\binom{i}{j}\right)&=\sum_{i=1}^{9}\binom{i}{1}+\sum_{i=2}^{9}\binom{i}{2}+\cdots+\sum_{i=9}^{9}\binom{i}{9}\\&=\binom{1}{1}+\binom{2}{1}+\binom{3}{1}+\binom{4}{1}+\cdots+\binom{9}{1}\\&\quad+\binom{2}{2}+\binom{3}{1}+\cdots+\binom{9}{2}+\cdots+\binom{9}{9}\\&=\binom{1}{1}+\left\{\binom{2}{1}+\binom{2}{2}\right\}+\left\{\binom{3}{1}+\binom{3}{2}+\binom{3}{3}\right\}\\&\quad+\cdots+\left\{\binom{9}{1}+\binom{9}{2}+\cdots+\binom{9}{9}\right\}\\&=(2-1)+(2^2-1)+(2^3-1)+\cdots+(2^9-1)\\&=2+2^2+\cdots+2^9-9\\&=\frac{2(2^9-1)}{2-1}-9\\&=1013\end{aligned}$$

●○ 확률변수 (X, Y)는 $X\geq 0,\ Y\geq 0$이고, $f(x, y)=e^{-(x+y)},\ (x\geq 0, y\geq 0)$이 확률밀도함수이다. $Z=X+Y$일 때, 확률 $P(Z\leq 1)$을 구하여라.

해답 $1-\frac{2}{e}$

풀이 $Z\leq 1\Leftrightarrow X+Y\leq 1$

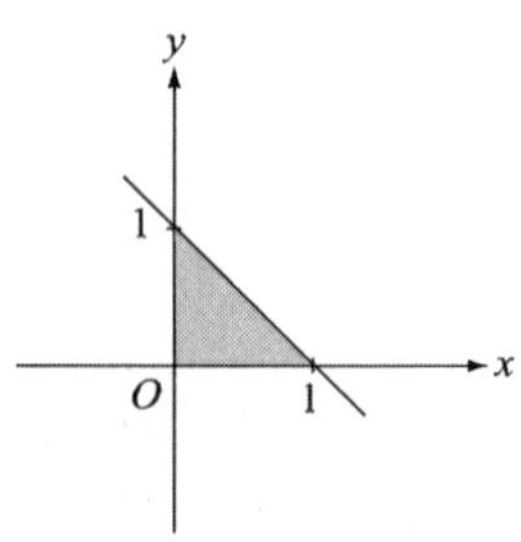

따라서 $P(Z \le 1) = P(X+Y \le 1)$

$$= \int_0^1 \int_0^{1-x} f(x, y)dydx$$
$$= \int_0^1 \int_0^{1-x} e^{-x-y}dydx$$
$$= \int_0^1 e^{-x}\left(\int_0^{1-x} e^{-y}dy\right)dx$$
$$= \int_0^1 e^{-x}[-e^{-y}]_0{}^{1-x}dx$$
$$= \int_0^1 e^{-x}[-e^{-1+x}+1]dx$$
$$= \int_0^1 (-e^{-1}+e^{-x})dx$$
$$=[-e^{-1}x-e^{-x}]!$$
$$=-e^{-1}-e^{-1}+1$$
$$=-\frac{2}{e}+1$$

●○ 정규분포를 따르고, 분산이 16인 모집단에서 크기가 64인 표본을 임의 추출하여 조사한 결과 표본평균이 6.085이었다. 이때, 가설 : 「모평균은 5이다.」를 기각하기 위한 최소의 유의수준을 구하여라.(표준정규분포표)

z	1.88	1.96	2.17	2.24	2.58
$P(0 \le Z \le z)$	0.4700	0.4750	0.4850	0.4875	0.4950

해답 3%

풀이 문제의 조건에 의하면 $\overline{X}$의 분포는 다음과 같다.

$$\overline{X} \sim N\left(5, \frac{16}{64}\right) = N\left(5, \frac{1}{4}\right) = N\left(5, \left(\frac{1}{2}\right)^2\right)$$

즉, $\overline{X} \sim N\left(5, \left(\frac{1}{2}\right)^2\right)$ 이다.

따라서 $Z_0 = \dfrac{6.085-5}{\frac{1}{2}} = 2.17$

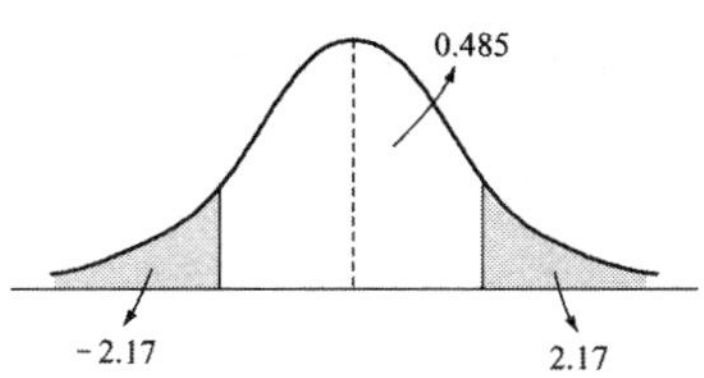

따라서 $\alpha = 0.015 \times 2 = 0.03$

두 선수 A, B가 반복되는 시합을 진행하여, 5번을 먼저 이기는 사람이 우승하고, 우승자에게는 1,600원의 상금을 주도록 하였다. A가 3번, B가 2번 이긴 상태에서 부득이한 사정으로 시합을 중단하였다. 상금 1,600원을 어떻게 배분하여 갖는 것이 타당한가?(단, 각 시합에서 이길 확률은 서로 같고, 비기는 경우는 없다.)

해답 A : 1,100원, B : 500원

풀이 남은 시합에 대한 가능한 경우의 수를 수형도로 나타내자.

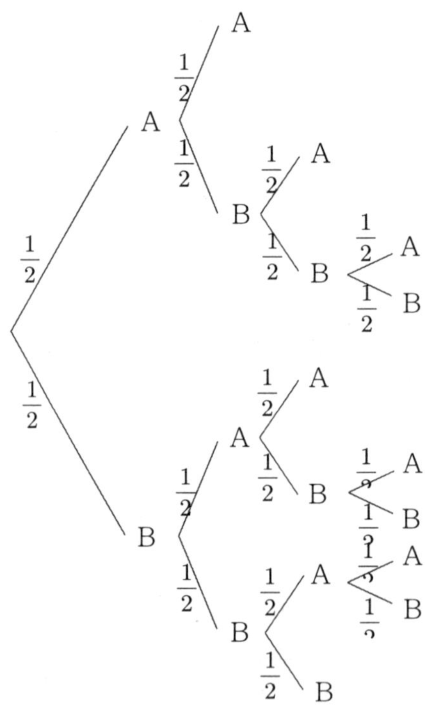

이때 A가 이길 확률은 $\frac{11}{16}$이다.

따라서 A의 기대금액 : $1600 \times \frac{11}{16} = 1100$원 &

B의 기대금액 : $1600 - 1100 = 500$원

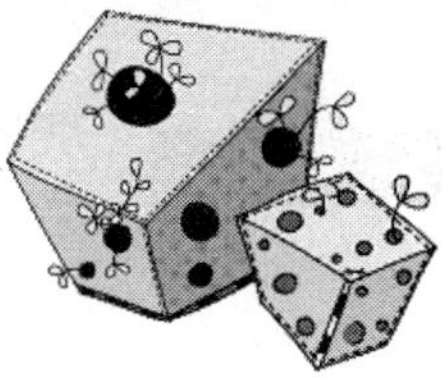

[1994학년도 기출문제]

확률밀도함수 $f(x, y) = 2e^{-(x+2y)}$, $(x > 0,\ y > 0)$에 대하여 확률 $P(X < y)$를 구하여라.

해답 $\frac{1}{3}$

풀이

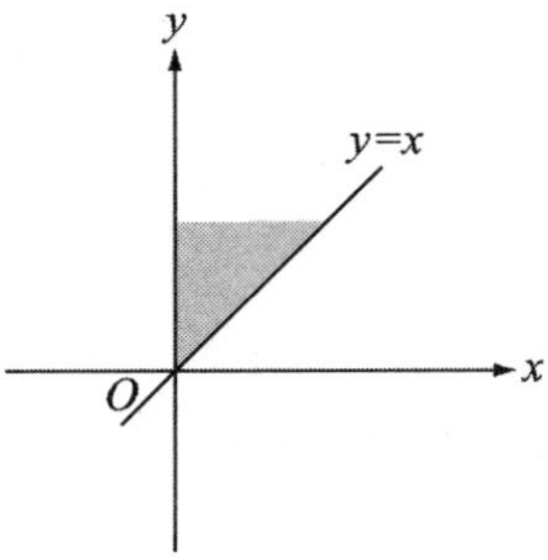

따라서

$$P(X < y) = \int_0^\infty \int_0^y f(x, y)dxdy$$
$$= \int_0^\infty \int_0^y 2e^{-x-2y}dxdy$$
$$= \int_0^\infty 2e^{-2y}(-e^{-y}+1)dy$$
$$= \int_0^\infty [-2e^{-3y}+2e^{-2y}]dy$$
$$= \frac{2}{3}e^{-3y} - e^{-2y}\Big]_0^\infty$$
$$= \frac{1}{3}$$

[1995학년도 기출문제]

확률변수 X의 확률분포표가 다음과 같을 때, X의 분산이 최대가 되는 x를 구하여라.

X	1	3	5
$P(X=x)$	y	$\frac{1}{3}$	x

해답 $\frac{1}{3}$

풀이

$$y + \frac{1}{3} + x = 1$$

따라서 $y=\frac{2}{3}-x$

$$\mu=E(X)=y+1+5x=\frac{2}{3}-x+1+5x=\frac{5}{3}+4x$$

$$\begin{aligned}\sigma^2=V(X)&=y+9\times\frac{1}{3}+25x-\left(\frac{5}{3}+4x\right)^2\\&=\frac{2}{3}-x+3+25x-\frac{25}{9}-\frac{40}{3}x-16x^2\\&=-16x^2+\frac{32}{3}x+\frac{8}{9}\\&=-16\left(x-\frac{1}{3}\right)^2+\frac{8}{3}\end{aligned}$$

따라서 $x=\frac{1}{3}$일 때, 분산이 최대가 된다.

●○ X_1과 X_2가 $P(a<X_1<b)=\frac{2}{3}$와 $P(c<X_2<d)=\frac{5}{8}\sum$를 갖는 두 개의 확률적으로 독립된 확률변수일 때, $a<X_1<b$, $-\infty<X_2<\infty$, $-\infty<X_1<\infty, c<X_2<d$의 합의 확률을 구하여라.

해답 $\frac{7}{8}$

풀이 $A=\{a<X_1<b,\ -\infty<X_2<\infty\}$라 하고

$B=\{-\infty<X_1<\infty,\ c<X_2<d\}$라 하자.

즉, $A=\{a<X_1<b\}$ $(\because A\subset B\Rightarrow A\cap B=A)$

$B=\{c<X_2<d\}$ 이다.

그러므로 $P(A\cap B)=P(A)\ P(B)=\frac{2}{3}\times\frac{5}{8}=\frac{5}{12}$ 이다.

따라서
$$\begin{aligned}P(A\cup B)&=P(A)+P(B)-P(A\cap B)\\&=P(A)+P(B)-P(A)P(B)\\&=\frac{2}{3}+\frac{5}{8}-\frac{5}{12}\\&=\frac{7}{8}\end{aligned}$$
이다.

●○ 이산 확률분포 $f(x)=\begin{cases}\frac{1}{2^x},\ x=1,2,3,\cdots\\ 0\ ,\ \text{다른 곳에서}\end{cases}$ 의 분산을 구하여라.

해답 2

풀이 $\mu=E(X)=\sum_{x=1}^{\infty}xf(x)=1\cdot\frac{1}{2}+2\cdot\left(\frac{1}{2}\right)^2+3\cdot\left(\frac{1}{2}\right)^3+\cdots$

즉, $\mu=1\cdot\frac{1}{2}+2\cdot\left(\frac{1}{2}\right)^2+3\cdot\left(\frac{1}{2}\right)^3+\cdots$ 이다.

$$\begin{array}{r} \mu=\frac{1}{2}+2\cdot\left(\frac{1}{2}\right)^2+3\cdot\left(\frac{1}{2}\right)^3+\cdots \\ -\left|\ \frac{1}{2}\mu=\left(\frac{1}{2}\right)^2+2\cdot\left(\frac{1}{2}\right)^3+3\cdot\left(\frac{1}{2}\right)^4\cdots\right. \\ \hline \end{array}$$

$$\frac{1}{2}\mu=\frac{1}{2}+\left(\frac{1}{2}\right)^2+\left(\frac{1}{2}\right)^3+\cdots$$

$$=\frac{\frac{1}{2}}{1-\frac{1}{2}}=1$$

즉, $\frac{1}{2}\mu=1$이다.

따라서 $\mu=2$이다.

이제 $S=1^2\cdot\frac{1}{2}+2^2\cdot\left(\frac{1}{2}\right)^2+3^2\cdot\left(\frac{1}{2}\right)^3+\cdots$라 하자.

즉, $S=1^2\cdot\frac{1}{2}+2^2\cdot\left(\frac{1}{2}\right)^2+\cdots$이다.

$$\begin{array}{r} S=1^2\cdot\frac{1}{2}+2^2\cdot\left(\frac{1}{2}\right)^2+\cdots \\ -\left|\ \frac{1}{2}S=\left(\frac{1}{2}\right)^2 2^2+2^2\cdot\left(\frac{1}{2}\right)^2\right. \\ \hline \end{array}$$

$$S-\frac{S}{2}=1\cdot\frac{1}{2}+3\left(\frac{1}{2}\right)^2+5\left(\frac{1}{2}\right)^3+\cdots$$

$$\frac{S}{2}=1\cdot\frac{1}{2}+3\left(\frac{1}{2}\right)^2+5\left(\frac{1}{2}\right)^3+\cdots$$

$$-\frac{S}{4}=\left(\frac{1}{2}\right)^2+3\left(\frac{1}{2}\right)^3+5\left(\frac{1}{2}\right)^4+\cdots$$

$$\frac{S}{2}-\frac{S}{4}=\frac{1}{2}+2\left(\frac{1}{2}\right)^2+2\left(\frac{1}{2}\right)^3+\cdots$$

$$\frac{S}{4}=\frac{1}{2}+2\left(\frac{1}{2}\right)^2+2\left(\frac{1}{2}\right)^3+\cdots$$

$$= \frac{1}{2} + 2\left\{\frac{\left(\frac{1}{2}\right)^2}{1-\frac{1}{2}}\right\}$$

$$= \frac{1}{2} + 2\left\{\frac{\left(\frac{1}{2}\right)^2}{\frac{1}{2}}\right\}$$

$$= \frac{1}{2} + 1 = \frac{3}{2}$$

따라서 $S=6$

그러므로 $\sigma^2 = E(X^2) - \{E(X)\}^2$

$$= 6 - 2^2$$

$$= 2$$

●◯ 1, 2, 3, 4, 5번의 5명의 학생을 번호대로 일렬로 세운 후 두 명을 뽑아 순서를 바꾸는 작업을 3회 반복할 때, 1번의 학생이 1번의 자리에 서게 될 확률을 구하여라.

해답 $\frac{1}{5}$

풀이 우선 2명을 뽑는 경우는 다음 5가지 경우로 총 20가지이다.

(i) ① ─ ②, ③, ④, ⑤

(ii) ② ─ ①, ③, ④, ⑤

(iii) ③ ─ ①, ②, ④, ⑤

(iv) ④ ─ ①, ②, ③, ⑤

(v) ⑤ ─ ①, ②, ③, ④

여기에서 다음에 해당되는 경우들만 문제의 조건에 가능하다.

②①
↓ 위치교체 1번
①②
↓ 위치교체 2번
②①
↓ 위치교체 2번
①②

즉, ①이 뒤에 있는 경우만 3회 자리바꾸면 ①이 앞에 온다. 이때 ①이 뒤에 있는 경우는 4가지이다. (즉, $(2,1)$, $(3,1)$, $(4,1)$, $(5,1)$)

$$\therefore \frac{4}{20} = \frac{1}{5}$$

[1996학년도 기출문제]

5개의 숫자 1, 2, 3, 4, 5를 일렬로 나열할 때, 첫 번째에 1이, 네 번째에 4가 놓여 있지 않을 확률을 구하여라.

해답 $\frac{13}{20}$

풀이 A : 1st에 1이 놓여 있는 사건

B : 4th에 4가 놓여 있는 사건이라 하자.

따라서 $P(A^C \cap B^C) = P[(A \cup B)^C]$

$$\begin{aligned} &= 1 - P(A \cup B) \\ &= 1 - \{P(A) + P(B) - P(A \cap B)\} \\ &= 1 - \left(\frac{4!}{5!} + \frac{4!}{5!} - \frac{3!}{5!}\right) \\ &= 1 - \left(\frac{1}{5} + \frac{1}{5} - \frac{1}{20}\right) \\ &= 1 - \left(\frac{2}{5} - \frac{1}{20}\right) \\ &= 1 - \frac{7}{20} \\ &= \frac{20-7}{20} = \frac{13}{20} \end{aligned}$$

정규분포 $N(\mu, \sigma^2)$에 따르는 확률변수 X에 대하여 $P(X \le 5) = P(X \ge 7)$, $E(X^2) = 45$일 때, $\frac{\mu}{\sigma}$을 구하여라.

해답 2

풀이 정규분포의 확률은 표준화되어 $P(X \le 5) = P\left(Z = \frac{X-\mu}{\sigma} \le \frac{5-\mu}{\sigma}\right)$이고 $P(X \ge 7) = P\left(Z = \frac{X-\mu}{\sigma} \ge \frac{7-\mu}{\sigma}\right)$이다. 이때, 두 확률은 표준정규분포곡선에서 각각 양쪽 꼬리의 확률을 의미하고, 두 확률이 같기 위해서는 두 확률변수의 절댓값이 같아야 한다. 즉

$$\frac{5-\mu}{\sigma} + \frac{7-\mu}{\sigma} = 0$$

이므로 $\mu = 6$이다. 한편 확률변수 X의 분산은

$$\sigma^2 = V(X) = E(X^2) - \{E(X)\}^2 = E(X^2) - \mu^2 = 45 - 6^2 = 9$$

이므로 $\sigma = 3$이다. 따라서 구하는 값은

$$\frac{\mu}{\sigma} = \frac{6}{3} = 2$$

이다.

[1997학년도 기출문제]

확률변수 X의 확률밀도함수 $f(x)$가

$$f(x) = \begin{cases} ke^{-3x}, & x \geq 0, \\ 0 & , x < 0 \end{cases}$$

일 때, k의 값을 결정하고, X의 기대값 $E(X)$를 구하시오.

풀이 확률밀도함수가 되기 위해서는 $\int_{-\infty}^{\infty} f(x)\,dx = 1$이어야 하므로 다음과 같이 전개된다.

$$\int_{-\infty}^{\infty} f(x)\,dx = \int_{0}^{\infty} k\,e^{-3x}\,dx = \left[-\frac{k}{3}e^{-3x}\right]_0^{\infty} = \frac{k}{3} = 1$$

따라서 $k = 3$이다.

그리고 기대값의 정의에 의하여 확률변수 X의 기대값은 다음과 같이 계산된다.

$$E(X) = \int_{-\infty}^{\infty} x\,f(x)\,dx = \int_{0}^{\infty} 3x\,e^{-3x}\,dx$$

$$= \left[-x\,e^{-3x}\right]_0^{\infty} - \int_0^{\infty} (-\,e^{-3x})\,dx$$

$$= \left[-\frac{1}{3}\,e^{-3x}\right]_0^{\infty} = \frac{1}{3}$$

따라서 $k = 3$이고, 기대값 $E(X) = \frac{1}{3}$이다.

[1998학년도 기출문제]

평균 m, 분산이 4인 정규 분포에 따르는 모집단에서 크기 n인 임의의 표본을 추출하여 그 표본에서 얻은 평균을 $\overline{X}$라고 할 때, 다음 물음에 답하시오.

(1) $n = 100$, $\overline{X} = 10$일 때, 신뢰도 95%로 m의 신뢰구간을 구하시오.

(2) $|\overline{X}-m| \le \frac{1}{2}$인 확률이 95% 이상이 되게 하려면 n의 크기는 얼마로 하면 되는지 구하시오.

풀이 (1) 신뢰도 95%에 대하여 $P\left(0 \le \frac{\overline{X_1}-\mu}{\frac{s_1}{\sqrt{n_1}}} \le z_{\alpha/2}\right) = \frac{1-\alpha}{2} = 0.475$이다. 그러므로

$z_{\alpha/2} = z_{0.025} = 1.96$이고, 대표본에서 모평균의 신뢰구간은

$\overline{X} - z_{\alpha/2}\frac{s}{\sqrt{n}} \le m \le \overline{X} + z_{\alpha/2}\frac{s}{\sqrt{n}}$이므로 신뢰구간은 다음과 같이 정리된다.

$$10 - 1.96\frac{2}{\sqrt{100}} \le m \le 10 + 1.96\frac{2}{\sqrt{100}}$$

따라서 이 문제의 신뢰구간은

$$9.608 \le m \le 10.392 \text{ 또는 } (9.608,\ 10.392)$$

이다.

(2) $|\overline{X}-m| \le 1.96 \cdot \frac{2}{\sqrt{n}}$이므로 주어진 조건에 의하여

$|\overline{X}-m| \le 1.96 \cdot \frac{2}{\sqrt{n}} \le \frac{1}{2}$이어야 한다. 그러므로 $1.96 \cdot \frac{2}{\sqrt{n}} \le \frac{1}{2}$에서

$1.96 \times 4 \le \sqrt{n}$이고, $n \ge 61.467$이다.

따라서 n의 크기는 62이상으로 하면 된다.

[1999학년도 기출문제]

인구가 10만명인 어떤 도시에서 시정(市政)에 대한 여론을 조사하였더니 남자 성인의 80%와 여자 성인의 90%가 시정(市政)을 지지하였다. 이 도시에서 남자 성인 400명과 여자 성인 400명을 뽑았을 때, 다음의 확률을 구하여라.

(1) 적어도 700명이 시정(市政)에 대하여 지지할 확률

(2) 시정(市政)에 대한 지지자 중 여자가 남자보다 25명 더 많을 확률

(표준정규분포표)

k	0.00	0.01	0.02	0.03	0.04	0.05	0.06	0.07	0.08	0.09
1.5	.4322	.4354	.4357	.4320	.4382	.4394	.4406	.4418	.4429	.4441
1.6	.4452	.4463	.4474	.4484	.4495	.4505	.4515	.4525	.4535	.4545
1.7	.4554	.4564	.4573	.4528	.4591	.4599	.4608	.4616	.4625	.4633
1.8	.4641	.4649	.4656	.4664	.4671	.4678	.4686	.4693	.4699	.4706
1.9	.4713	.4719	.4726	.4732	.4738	.4744	.4750	.4756	.4761	.4767

2.0	.4772	.4778	.4783	.4788	.4793	.4798	.4803	.4808	.4812	.4817
2.2	.4621	.4826	.4830	.4834	.4838	.4842	.4846	.4850	.4854	.4857

풀이 (1) 남자 성인의 지지자를 X라 하고, 여자 성인의 지지자를 Y라고 하면, X와 Y는 각각 이항 분포를 따른다. 즉, $X \sim B(400, 0.8)$이고, $Y \sim B(400, 0.9)$이다.

두 분포에서 모두 도수 n이 크기 때문에 이항 분포로서 확률을 구하기가 어렵다. 그러므로 이항 분포의 정규분포로의 근사로서 확률을 계산하자.

정규분포를 이용하기 위해서는 평균과 분산이 필요하므로 다음과 같이 각각의 확률변수의 평균과 분산을 계산한다.

$$E(X) = n_1 p_1 = 400 \times 0.8 = 320,$$

$$V(X) = n_1 p_1 (1 - p_1) = 400 \times 0.8 \times 0.2 = 64 = 8^2,$$

$$E(Y) = n_2 p_2 = 400 \times 0.9 = 360,$$

$$V(Y) = n_2 p_2 (1 - p_2) = 400 \times 0.9 \times 0.1 = 36 = 6^2$$

그리고 X와 Y는 서로 독립이므로, 다음의 평균과 분산을 갖는다.

$$E(X+Y) = E(X) + E(Y) = 320 + 360 = 680,$$

$$V(X+Y) = 1^2 \cdot V(X) + 1^2 \cdot V(Y) = 64 + 36 = 100$$

위의 결과에 의하여 $X \sim N(320, 8^2)$이고, $Y \sim N(360, 6^2)$이 된다.

따라서 적어도 700명이 시정(市政)에 대하여 지지할 확률은

$$P(X+Y \ge 700) = P\left(Z \ge \frac{700 - E(X+Y)}{\sqrt{V(X+Y)}}\right)$$

$$= P\left(Z \ge \frac{700 - (320 + 360)}{\sqrt{64 + 36}}\right)$$

$$= P(Z \ge 2) = 0.5 - P(0 \le Z \le 2)$$

$$= 0.5 - 0.4772 = 0.0228$$

이다.

(2) 각 사건에 의하여 지지자 중 여자가 남자보다 25명 더 많을 확률은 $P(Y = X + 25)$으로 표현된다. 즉, 이 확률은 $P(Y - X = 25)$이므로 X와 Y가 서로 독립인 성질을 이용하여 다음의 평균과 분산을 구한다.

$$E(Y - X) = E(Y) - E(X) = 360 - 320 = 40,$$

$$V(Y - X) = 1^2 \cdot V(Y) + (-1)^2 \cdot V(X) = 64 + 36 = 100$$

따라서 위의 평균과 분산을 이용하여 확률을 전개하면 다음과 같다.

$$P(Y-X=25) = P(Y-X \le 25) - P(Y-X \le 24)$$

$$= P\left(Z \le \frac{25-E(Y-X)}{\sqrt{V(Y-X)}}\right) - P\left(Z \le \frac{24-E(Y-X)}{\sqrt{V(Y-X)}}\right)$$

$$= P\left(Z \le \frac{25-40}{\sqrt{100}}\right) - P\left(Z \le \frac{24-40}{\sqrt{100}}\right)$$

$$= P(Z \le -1.5) - P(Z \le -1.6)$$

$$= P(Z \ge 1.5) - P(Z \ge 1.6)$$

$$= (0.5 - P(0 \le Z \le 1.5)) - (0.5 - P(0 \le Z \le 1.6))$$

$$= (0.5 - 0.4332) - (0.5 - 0.4452) = 0.0120$$

●○ 다음 조건을 만족하는 정수해(x, y, z)는 모두 몇 개인가?

$$x+y-z=10$$
$$x>0,\ y>2,\ z<3$$

풀이 주어진 문제의 조건을 다시 쓰면 다음과 같다.

$$X = x \ge 1$$
$$Y = y-2 \ge 1$$
$$Z = 3-z \ge 1$$

인 치환을 원래식에 대입하여 정리하면

$$X + (Y+2) + (Z-3) = 10$$

따라서 $X+Y+Z=11$이고, X, Y, Z는 자연수인 해를 구하면 된다. 그런데 주어진 방정식의 해는 서로 다른 세 문자 X, Y, Z에서 8개를 뽑는 중복조합으로 볼 수 있다.

따라서 구하는 해의 개수는

$$_3H_{11-3} = {_3H_8}$$
$$= \binom{3+8-1}{8}$$
$$= \binom{10}{8}$$
$$= \binom{10}{2}$$
$$= \frac{10!}{2!8!}$$
$$= 45(\text{개})$$

[2000학년도 기출문제]

어떤 반에서 방학 후 여행에 대한 설문조사를 하였다. 강원도를 다녀온 학생이 전체의 $\frac{2}{5}$, 제주도를 다녀온 학생이 전체의 $\frac{1}{4}$이었다. 강원도를 다녀오지 않은 학생을 임의로 뽑았을 때, 이 학생이 제주도를 다녀오지 않을 조건부 확률을 구하여라.(단, 강원도를 다녀올 사건과 제주도를 다녀올 사건은 서로 독립이다.)

풀이 학생이 강원도를 다녀올 사건을 A라 하고, 제주도를 다녀올 사건을 B라고 하자. 각 사건에 대하여 다음의 확률이 정리된다.

$$P(A)=\frac{2}{5},\ P(B)=\frac{1}{4}$$

그리고 두 사건 A와 B가 서로 독립이므로 A^c와 B^c도 서로 독립이 된다.
그러므로 강원도를 다녀오지 않은 학생을 임의로 뽑았을 때, 이 학생이 제주도를 다녀오지 않을 조건부 확률은 다음과 같이 전개된다.

$$\begin{aligned}P(B^c|A^c)&=\frac{P(A^c\cap B^c)}{P(A^c)}\\&=\frac{P(A^c)\cdot P(B^c)}{P(A^c)}\\&=P(B^c)=1-P(B)\\&=1-\frac{1}{4}=\frac{3}{4}\end{aligned}$$

따라서 구하는 확률은 $\frac{3}{4}$이다.

[2001학년도 기출문제]

400명이 모집 정원인 공무원 임용 시험에 5,000명이 응시하였다. 응시자 전체의 성적 분포는 100점 만점에 평균이 55점, 표준편차가 8점인 정규분포를 이루었다. 이 시험에서 모집정원의 120%를 1차 합격자로 선발하고자 할 때, 1차 합격자의 최저 점수를 구하시오. (단, $P(0\le Z\le 1.3)=0.4040$)

풀이 1차 합격자의 최저 점수를 x_0라고 하자. 모집 정원의 120%를 1차 합격자로 선발하므로, 1차 시험에 합격할 확률은 $p=\frac{480}{5000}=0.096$이다.

X를 공무원 임용 시험 점수라고 하면, $X \sim N(55, 8^2)$이고, $P(X \geq x_0) = 0.096$이다.

그러므로 이 확률을 표준화하여 Z로 표현하면

$$P\left(Z = \frac{X-\mu}{\sigma} \geq \frac{x_0 - 55}{8}\right) = 0.096 \text{ 또는 } P\left(0 \leq Z = \frac{X-\mu}{\sigma} \leq \frac{x_0 - 55}{8}\right) = 0.404$$

이다.

그런데 문제의 조건에서 $P(0 \leq Z \leq 1.3) = 0.4040$이므로, 다음의 방정식이 유도된다.

$$\frac{x_0 - 55}{8} = 1.3$$

따라서 1차 합격자의 최저 점수 x_0는 65.4점이다.

[2002학년도 기출문제]

동전 2개를 던질 때, 앞면이 나오는 개수를 확률변수 X라 하고, 확률변수 Y를

$$Y = \begin{cases} 0, & X = 0, 2 \\ 1, & X = 1 \end{cases}$$

으로 정의할 때, 다음 물음에 답하시오.

(1) 다음 표를 완성하시오.

① X의 확률분포 ② Y의 확률분포 ③ X와 Y의 결합 확률분포

X	$P(X=x)$
0	
1	
2	
합	1

Y	$P(Y=y)$
0	
1	
합	1

X \ Y	0	1	합
0			
1			
2			
합			1

(2) X와 Y의 공분산 σ_{XY}를 구하시오.

(3) X와 Y의 독립성 여부를 판별하시오.

풀이 (1) 동전 2개를 던지는 확률 실험에 대한 표본 공간은

$S = \{$(앞면, 앞면), (앞면, 뒤면), (뒷면, 앞면), (뒷면, 뒷면)$\}$

이므로, 확률변수 X가 가질 수 있는 값은 0, 1, 2이다. 따라서 X의 확률분포를 완성하면 다음과 같다.

① X의 확률분포

X	$P(X=x)$
0	$\frac{1}{4}$
1	$\frac{1}{2}$
2	$\frac{1}{4}$
합	1

그리고 확률변수 X에 대하여 확률변수 Y가 가질 수 있는 값은 0, 1 이므로, Y의 확률분포를 완성하면 다음과 같다.

② Y의 확률분포

Y	$P(Y=y)$
0	$\frac{1}{2}$
1	$\frac{1}{2}$
합	1

위의 두 확률분포를 이용하여 두 확률변수 X와 Y가 동시에 만족되는 결합 확률분포를 완성하면 다음과 같다.

③ X와 Y의 결합 확률분포

X \ Y	0	1	합
0	$\frac{1}{4}$	0	$\frac{1}{4}$
1	0	$\frac{1}{2}$	$\frac{1}{2}$
2	$\frac{1}{4}$	0	$\frac{1}{4}$
합	$\frac{1}{2}$	$\frac{1}{2}$	1

(2) 공분산을 계산하기 위하여 (1)의 세 가지 확률분포를 이용하여 다음의 기대값을 구한다.

$$E(X)=\sum_{x=0}^{2} x \cdot P(X=x)=0 \cdot \frac{1}{4}+1 \cdot \frac{1}{2}+2 \cdot \frac{1}{4}=1,$$

$$E(Y)=\sum_{y=0}^{1} y \cdot P(Y=y)=0 \cdot \frac{1}{2}+1 \cdot \frac{1}{2}=\frac{1}{2},$$

$$E(XY)=\sum_{x=0}^{2}\sum_{y=0}^{1} xy \cdot P(X=x,\ Y=y)$$

$$=0\cdot 0\cdot \frac{1}{4}+0\cdot 1\cdot 0+1\cdot 0\cdot 0+1\cdot 1\cdot \frac{1}{2}+2\cdot 0\cdot \frac{1}{4}+2\cdot 1\cdot 0$$

$$=\frac{1}{2}$$

따라서 공분산의 정의에 의하여 X와 Y의 공분산은

$\sigma_{XY}=E(XY)-E(X)\cdot E(Y)=\frac{1}{2}-1\cdot \frac{1}{2}=0$이다.

(3) 확률변수 X와 Y가 독립이기 위해서는
$P(X=x,\ Y=y)=P(X=x)\cdot P(Y=y)$이어야 한다. 그러나 $X=0$과 $Y=0$인 경우에 (1)의 결합 확률분포로부터 $P(X=0,\ Y=0)=\frac{1}{4}$이지만, (1)의 X의 확률분포와 Y의 확률분포에 의하여 $P(X=0)\cdot P(Y=0)=\frac{1}{4}\cdot \frac{1}{2}=\frac{1}{8}$이므로, 즉 $P(X=0,\ Y=0)=\frac{1}{4}\neq P(X=0)\cdot P(Y=0)=\frac{1}{8}$이 되어 X와 Y는 독립이 아니다.

크기가 100KB, 150KB, 200KB, 250KB, 300KB인 다섯 개의 파일을 용량이 각각 1440KB인 같은 색의 구별이 안 되는 세 장의 플로피 디스켓에 저장하려고 한다. 디스켓 세 장 모두를 사용하여 다섯 개의 파일을 저장하는 방법의 수를 구하시오.(단, 디스켓에 저장하는 파일의 순서는 생각하지 않는다.)

풀이 다섯 개의 파일을 세장의 디스켓으로 분할하는 방법은 (2개, 2개, 1개)로 분할하는 경우와 (3개, 1개, 1개)로 분할하는 두 가지 경우이다.

그러므로 (2개, 2개, 1개)로 분할하는 경우의 수는 ${}_5C_2\cdot {}_3C_2\cdot {}_1C_1\cdot \frac{1}{2!}=15$이고, (3개, 1개, 1개)로 분할하는 경우의 수는 ${}_5C_3\cdot {}_2C_1\cdot {}_1C_1\cdot \frac{1}{2!}=10$이다.

따라서 모든 경우의 수는 25가지이다.

[2003학년도 기출문제]

어떤 회사에서는 세 대의 기계 a, b, c로 같은 종류의 빵을 만들고 있다. 세 대의 기계는 각각 총 생산량의 20%, 30%, 50%를 생산하고 있으며, 생산품의 불량률은 각각 0.5%, 1%, 2%이다. 생산된 빵을 임의로 한 개 택하여 검사했을 때, 그것이 불량품이었다고 하자. 이 불량품이 기계 a 또는 b에서 생산되었을 확률을 구하시오.

풀이 세 대의 기계 a, b, c에서 생산된 제품이 선택될 사건을 각각 A, B, C라고 하고, 불량품이 선택될 사건을 F라고 하면, 각 사건에 대하여 다음의 확률과 조건부 확률이 정리된다.

$$P(A)=0.2,\ P(B)=0.3,\ P(C)=0.5,$$
$$P(F|A)=0.005,\ P(F|B)=0.01,\ P(F|C)=0.02$$

그러므로 곱셈 법칙에 의하여 다음의 확률을 구할 수 있다.

$$P(A\cap F)=P(F|A)\,P(A)=0.005\times 0.2=0.001,$$
$$P(B\cap F)=P(F|B)\,P(B)=0.01\times 0.3=0.003,$$
$$P(C\cap F)=P(F|C)\,P(C)=0.02\times 0.5=0.01$$

또한 합의 법칙에 의하여 다음의 확률이 계산된다.

$$P(F)=P(A\cap F)+P(B\cap F)+P(C\cap F)=0.001+0.003+0.01=0.014$$

그리고 두 기계 a, b에 의하여 동시에 생산되는 제품은 존재하지 않으므로 $A\cap B=\phi$이다.

따라서 생산된 빵을 임의로 한 개 택하여 검사한 것이 불량품일 때, 이 불량품이 기계 a 또는 b에서 생산되었을 확률은

$$\begin{aligned}P((A\cup B)\,|\,F) &= \frac{P((A\cup B)\cap F)}{P(F)}\\ &= \frac{P(A\cap F)+P(B\cap F)}{P(F)}\\ &= \frac{0.001+0.003}{0.014}=\frac{2}{7}\end{aligned}$$

이다.

[2004학년도 기출문제]

2003년도 전국학력평가에 응시한 수험생 중에서 자연계 수험생 64명, 인문계 수험생 9명을 임의로 선택하여 수리 영역의 점수를 조사하였다. 그 결과 자연계 수험생은 평균이 48점, 표준편차가 5.6점이었고, 인문계 수험생은 평균이 42점, 표준편차가 7.5점이었다. 자연계와 인문계에 응시한 수험생 전체의 수리영역 점수가 각각 정규분포를 이룬다고 가정하고 두 집단의 평균점수를 추정하려 한다. 다음 물음에 답하시오.

(1) 아래의 표준정규분포표를 이용하여 자연계 수험생 전체의 수리 영역 평균점수를 신뢰도 95%의 신뢰구간으로 추정하시오.

표준정규분포표 ($P(0 \le Z \le z)$)

z	0.05	0.06
1.6	.4505	.4515
1.7	.4599	.4608
1.8	.4678	.4686
1.9	.4744	.4750

(2) 아래의 t-분포표를 이용하여 인문계 수험생 전체의 수리 영역 평균점수를 신뢰도 95%의 신뢰구간으로 추정하시오.

t-분포표 ($P(t \ge t_0) = \alpha$)

자유도 \ α	0.05	0.025
7	1.895	2.365
8	1.860	2.306
9	1.833	2.262
10	1.812	2.228

풀이 (1) 자연계 수험생의 자료를 다음과 같이 정리하자.

$$n_1 = 64,\ \overline{X_1} = 48,\ s_1 = 5.6$$

$n_1 = 64$로 대표본인 경우이므로 신뢰도 95%에서

$P\left(0 \le \dfrac{\overline{x_1} - \mu}{\dfrac{s_1}{\sqrt{n_1}}} \le z_{\alpha/2}\right) = \dfrac{1-\alpha}{2} = 0.475$이다. 그러므로 $z_{\alpha/2} = z_{0.025} = 1.96$이 된다.

그리고 대표본에서 모평균의 신뢰구간은 $\overline{X_1} - z_{\alpha/2}\dfrac{s_1}{\sqrt{n_1}} \le \mu \le \overline{X_1} + z_{\alpha/2}\dfrac{s_1}{\sqrt{n_1}}$ 이므로 자연계 수험생 전체의 수리 영역 평균점수의 신뢰구간은 다음과 같이 정리된다.

$$48 - 1.96\frac{5.6}{\sqrt{64}} \le \mu \le 48 + 1.96\frac{5.6}{\sqrt{64}}$$

따라서 자연계 수험생 전체의 수리 영역 평균점수의 신뢰구간은

$46.628 \le \mu \le 49.372$ 또는 $(46.628, 49.372)$

이다.

(2) 인문계 수험생의 자료를 다음과 같이 정리하자.

$$n_2 = 9,\ \overline{X_2} = 42,\ s_2 = 7.5$$

$n_2 = 9$로 소표본인 경우이므로 신뢰도 95%에서 $P(t \ge t_{\alpha/2}(n-1)) = \dfrac{\alpha}{2}$이다. 그러므로 $t_{\alpha/2}(n-1) = t_{0.025}(8) = 2.306$이다.

그리고 소표본에서 모평균의 신뢰구간은

$$\overline{X_2} - t_{\alpha/2}(n-1)\frac{s_2}{\sqrt{n_2}} \le \mu \le \overline{X_2} + t_{\alpha/2}(n-1)\frac{s_2}{\sqrt{n_2}}$$

이므로 인문계 수험생 전체의 수리 영역 평균점수의 신뢰구간은 다음과 같이 정리된다.

$$42 - 2.306\frac{7.5}{\sqrt{62}} \le \mu \le 42 + 2.306\frac{7.5}{\sqrt{62}}$$

따라서 인문계 수험생 전체의 수리 영역 평균점수의 신뢰구간은

$$36.235 \le \mu \le 47.765 \text{ 또는 } (36.235, 47.765)$$

이다.

[2005학년도 기출문제]

확률변수 X가 구간 $[1, 5]$에서 균등분포(uniform distribution)를 이룰 때, X의 확률밀도함수, 평균, 분산을 각각 구하시오.

풀이 확률변수 X가 구간 $[1, 5]$에서 균등분포이므로, 확률밀도함수 $f(x)$는

$$f(x) = \begin{cases} \frac{1}{4}, 1 \le x \le 5, \\ 0, \text{그 밖에서} \end{cases}$$

이다.

위의 확률밀도 함수를 이용하여 다음과 같이 평균을 계산할 수 있다.

$$\begin{aligned} E(X) &= \int_1^5 x\, f(x)\, dx \\ &= \int_1^5 \frac{1}{4}\, x\, dx \\ &= \left[\frac{1}{8}\, x^2\right]_1^5 \\ &= \frac{1}{8}(5^2 - 1) = 3 \end{aligned}$$

그리고 분산을 구하기 위하여 먼저 기대값 $E(X^2)$을 유도하자.

$$\begin{aligned} E(X^2) &= \int_1^5 x^2 f(x)\, dx \\ &= \int_1^5 \frac{1}{4}\, x^2\, dx \\ &= \left[\frac{1}{12}\, x^3\right]_1^5 \\ &= \frac{1}{12}(5^3 - 1) = \frac{31}{3} \end{aligned}$$

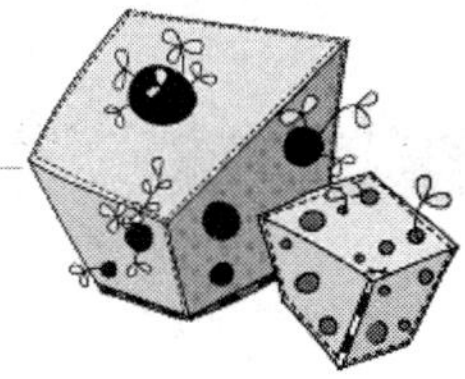

그러므로 분산은 다음과 같이 정리된다.

$$V(X) = E(X^2) - (E(X))^2$$

$$= \frac{31}{3} - 3^2 = \frac{4}{3}$$

따라서 확률밀도함수는 $f(x) = \begin{cases} \frac{1}{4}, 1 \le x \le 5, \\ 0, \text{그 밖에서} \end{cases}$ 이고, 평균은 $E(X) = 3$이며,

분산은 $V(X) = \frac{3}{4}$이다.

[2006학년도 기출문제]

정육면체 모양의 주사위가 있다. 이 주사위의 두 면에는 3, 나머지 네 면에는 1, 2, 4, 5가 각각 하나씩 적혀 있다. 이 주사위를 288번 던질 때 짝수 눈이 나오는 횟수를 확률변수 X라 하면, X는 이항 분포 $B(n, p)$를 따른다. 이때, X의 평균 $E(X)$와 분산 $V(X)$를 구하고, 짝수 눈이 88번 이상 112번 이하로 나올 확률 $P(88 \le X \le 112)$를 정규 근사시켜 구하시오.(단, $P(0 \le Z \le 1) = 0.3413$, $P(0 \le Z \le 2) = 0.4772$이다.)

풀이 확률변수 X는 주사위를 던져 나온 짝수 눈의 개수이므로 짝수의 눈이 나올 확률은 $p = \frac{2}{6} = \frac{1}{3}$이 되어 $X \sim B\left(288, \frac{1}{3}\right)$이다.

그러므로 도수 n이 크기 때문에 이항 분포로서 평균과 분산을 구하기가 어렵기 때문에 이항 분포의 정규분포로의 근사를 이용하여 평균과 분산을 구하면 다음과 같다.

$$E(X) = np = 288 \times \frac{1}{3} = 96, \quad V(X) = np(1-p) = 288 \times \frac{1}{3} \times \left(1 - \frac{1}{3}\right) = 64 = 8^2$$

그리고 짝수 눈이 88번 이상 112번 이하로 나올 확률은

$$P(88 \le X \le 112) = P\left(\frac{88 - E(X)}{\sqrt{V(X)}} \le Z = \frac{X - E(X)}{\sqrt{V(X)}} \le \frac{112 - E(X)}{\sqrt{V(X)}}\right)$$

$$= P\left(\frac{88-96}{\sqrt{64}} \le Z \le \frac{112-96}{\sqrt{64}}\right)$$

$$= P(-1 \le Z \le 2)$$

$$= P(0 \le Z \le 2) + P(-1 \le Z \le 0)$$

$$= P(0 \le Z \le 2) + P(0 \le Z \le 1)$$

$$= 0.4772 + 0.3413 = 0.8185$$

이다.

따라서 $E(X)=96$이고, $V(X)=64$이며, $P(88 \le X \le 112)=0.8185$이다.

[2007학년도 기출문제]

확률변수 X가 이항 분포 $B(n, p)$를 따를 때, X의 평균(기대값)이 np임을 보이시오.

풀이 (첫 번째 방법) 확률변수에 대한 기대값의 정의를 이용하여 구할 수 있다.

확률변수 X가 이항 분포 $B(n, p)$를 따르므로, 확률변수 X의 확률질량함수는 다음과 같다.

$$f(x)=\binom{n}{x}p^x(1-p)^{n-x},\ x=0, 1, 2, \cdots, n$$

기대값의 정의에 의하여 다음과 같이 전개된다.

$$\begin{aligned} E(X) &= \sum_{x=0}^{n} x f(x) \\ &= \sum_{x=0}^{n} x \cdot \binom{n}{x} p^x (1-p)^{n-x} \\ &= \sum_{x=0}^{n} x \cdot \frac{n!}{(n-x)!\,x!} p^x (1-p)^{n-x} \\ &= \sum_{x=1}^{n} \frac{n!}{(n-x)!\,(x-1)!} p^x (1-p)^{n-x} \\ &= np \sum_{x=1}^{n} \frac{(n-1)!}{\{(n-1)-(x-1)\}!\,(x-1)!} p^{x-1} (1-p)^{(n-1)-(x-1)} \\ &= np \cdot \{p+(1-p)\}^{n-1} \\ &= np \end{aligned}$$

따라서 확률변수 X의 기대값은 np이다.

(두 번째 방법) 확률변수에 대한 기대값의 특성중의 하나인 적률생성함수를 이용하여 구할 수 있다.

적률생성함수의 정의에 의하여 이항 분포 $B(n, p)$를 따르는 확률변수 X의 적률생성함수는 다음과 같이 전개된다.

$$M_X(t)=E(e^{tX})=\sum_{x=0}^{n} e^{tx} f(x)=\sum_{x=0}^{n}\binom{n}{x}(p\,e^t)^x(1-p)^{n-x}$$

이항정리에 의하여 적률생성함수는 다음과 같이 정리된다.

$$M_X(t)=\{pe^t+(1-p)\}^n$$

그리고 $t=0$인 경우에 대한 적률생성함수의 미분계수가 기대값과 일치하는 성질을 이용하여 기대값을 계산한다. 즉,

$$E(X)=M_X'(0)$$

이므로, 먼저 적률생성함수의 도함수를 구하면 다음과 같다.

$$M_X'(t)=n\{pe^t+(1-p)\}^{n-1}\cdot pe^t$$

그리고 $t=0$인 경우에 대한 미분계수를 계산하면 다음과 같다.

$$E(X)=M_X'(0)=n\{p+(1-p)\}^{n-1}\cdot p=np$$

따라서 확률변수 X의 기대값은 np이다.

(세 번째 방법) 조합론에 나오는 공식 $r\binom{n}{r}=n\binom{n-1}{r-1}$을 이용한다.

$$E(X)=\sum_{x=0}^{n}x\binom{n}{x}p^x(1-p)^{n-x}$$

$$=\sum_{x=1}^{n}x\binom{n}{x}p^x(1-p)^{n-x}$$

$$=\sum_{x=0}^{n}n\binom{n-1}{x-1}p^x(1-p)^{n-x}$$

$$=n\sum_{x=1}^{n}\binom{n-1}{x-1}p^{x-1}p(1-p)^{\{(n-1)-(x-1)\}}$$

$$=np\sum_{x=1}^{n}\binom{n-1}{x-1}p^{x-1}p(1-p)^{\{(n-1)-(x-1)\}}$$

$s=x-1$이라 하자.

$$x=1,\ s\to 0$$
$$x\to n,\ s\to n-1$$

$$=np\sum_{S=0}^{n-1}x\binom{n-1}{s}p^s(1-p)^{(n-1)-S}$$

$$=np[p+(1-p)]^{n-1}$$

$$=np$$

[2008학년도 기출문제]

동전 n개를 동시에 던져서 모두 앞면이 나오면 n점을 얻고 그렇지 않으면 0점을 얻는다고 하자. 이 규칙에 따라 동전 n개를 동시에 던지는 시행에서 얻을 수 있는 점수의 기대값 E_n을 구하고 E_n이 최대가 되는 n을 모두 구하시오. (단, n은 자연수이다.)

해답 1, 2

풀이 동전 n개를 동시에 던져서 모두 앞면이 나오는 확률은 $\left(\frac{1}{2}\right)^n$이고 그렇지 않은 경우의 확률은 $1-\left(\frac{1}{2}\right)^n$이다. 따라서 동전 n개를 동시에 던지는 시행에서 얻을 수 있는 점수의 기대값 E_n은

$$E_n = n\times\left(\frac{1}{2}\right)^n + 0\times\left\{1-\left(\frac{1}{2}\right)^n\right\} = \frac{n}{2^n}$$

이고 E_n이 최대가 되는 n은 1, 2이다.

[2009학년도 1차 기출문제 및 풀이]

두 확률변수 X와 Y는 독립이고 각각 다음과 같은 확률밀도함수(probability density function)를 동일하게 갖는다.

$$f(t) = \begin{cases} 2t, & 0 \le t \le 1 \\ 0, & \text{그 이외의 } t \end{cases}$$

이 때, Y가 X와 X^2의 사이의 값이 될 확률은?

① $\frac{1}{3}$ ② $\frac{1}{4}$ ③ $\frac{1}{5}$ ④ $\frac{1}{6}$ ⑤ $\frac{1}{7}$

해답 ④

풀이 확률변수 X의 확률밀도함수는

$$f(x) = \begin{cases} 2x, & 0 \le x \le 1 \\ 0, & \text{그 이외의 } x \end{cases}$$

이고 확률변수 Y의 확률밀도함수는

$$f(y) = \begin{cases} 2y, & 0 \le y \le 1 \\ 0, & \text{그 이외의 } y \end{cases}$$

이다. 두 확률변수 X와 Y는 독립이므로 두 확률변수 X와 Y의 결합확률밀도함수는

$$f(x, y) = f(x)\cdot f(y) = \begin{cases} 2x\cdot 2y = 4xy, & 0 \le x \le 1,\ 0 \le y \le 1 \\ 0, & \text{그 이외의 } x,\ y \end{cases}$$

이다. 따라서 두 확률변수 X와 Y의 결합확률밀도함수에 의하여 확률변수 Y가 X와 X^2의 사이의 값이 될 확률은

$$P(X^2 < Y < X) = \int_0^1 \int_{x^2}^{x} f(x,\ y)\, dy\, dx = \int_0^1 \int_{x^2}^{x} 4xy\, dy\, dx = \int_0^1 2x\left[y^2\right]_{x^2}^{x} dx$$

$$= \int_0^1 2x(x^2 - x^4)\, dx = 2\left[\frac{1}{4}x^4 - \frac{1}{6}x^6\right]_0^1 = 2\left(\frac{1}{4} - \frac{1}{6}\right) = \frac{1}{6}$$

이다.

●○ 1, 2, 3, 4의 숫자가 중복되지 않게 한 개씩 각 면에 새겨져 있는 사각연필이 있다. 이 사각연필을 굴렸을 때, 각 면이 나올 확률이 같다고 하자. 이 사각연필을 80번 굴렸을 때, 윗면에 나온 수의 합이 216 이상일 확률을 x라 할 때, 표준정규분포함수 $\Phi(z)$를 이용하여 x를 가장 가깝게 나타낸 것은? (단, "표준정규분포함수"는 Z가 표준정규확률변수일 때, 확률 $\Phi(z) = P(Z \le z)$로 정의된다.)

① $1-\Phi(0.2)$ ② $\Phi(0.2)$ ③ $1-\Phi(0.9)$ ④ $\Phi(0.9)$ ⑤ $1-\Phi(1.6)$

해답 ⑤

풀이 사각연필을 한 번 굴려서 윗면에 나온 수를 확률변수 X라 할 때, 각 면이 나올 확률은 동일하므로 확률변수 X의 확률분포표는

X	1	2	3	4	합계
$P(X=x)=f(x)$	$\frac{1}{4}$	$\frac{1}{4}$	$\frac{1}{4}$	$\frac{1}{4}$	1

이다. 이때, 윗면에 나올 수 X의 기댓값은

$$E(X) = \sum_{x=1}^{4} x \cdot P(X=x) = 1\times\frac{1}{4} + 2\times\frac{1}{4} + 3\times\frac{1}{4} + 4\times\frac{1}{4} = \frac{5}{2}$$

이고 분산은

$$V(X) = E(X^2) - \{E(X)\}^2 = \left(\sum_{x=1}^{4} x^2 \cdot P(X=x)\right) - \left(\frac{5}{2}\right)^2$$

$$= \left(1^2\times\frac{1}{4} + 2^2\times\frac{1}{4} + 3^2\times\frac{1}{4} + 4^2\times\frac{1}{4}\right) - \frac{25}{4} = \frac{5}{4}$$

이다. 이 사각연필을 80번 굴렸을 때, 윗면에 나온 수의 합을 확률변수 Y라 하면 확률변수 Y는 정규분포를 따르고 확률변수 Y의 기대값과 분산은 각각

$$\mu = 80\times\frac{5}{2} = 200,\ \text{분산은}\ \sigma^2 = 80\times\frac{5}{4} = 100$$

이다. 즉, 윗면에 나온 수의 합은 정규분포 $Y \sim N(200,\ 100=10^2)$을 따른다. 확률변수 Y는 표준화변수 $Z = \dfrac{Y-200}{10}$에 의하여 표준정규분포 $Z \sim N(0,\ 1)$로 변환한다. 그러므로 윗면에 나온 수의 합이 216 이상일

$$P(Y \geq 216) = P\left(Z = \frac{Y-200}{10} \geq \frac{216-200}{10} = 1.6\right) = x$$

이고 여사건의 성질에 의하여 위 식은

$$P(Z \leq 1.6) = 1 - x$$

이 된다. 따라서 윗면에 나온 수의 합이 216 이상일 확률 x는

$$x = 1 - P(Z \leq 1.6) = 1 - \Phi(1.6)$$

이다.

●○ A고등학교에는 체조 선수가 5명이 있다. 어떤 체조 선수권 대회에 출전하기 위해서는 학교에서 실시하는 두 번의 자격 테스트를 통과해야 하는데, 1차 테스트를 통과한 사람만이 2차 테스트에 도전할 수 있다고 한다. 1차, 2차 테스트를 통과한 선수들의 집합을 각각 S, T라고 할 때, 두 집합 S, T가 구성될 수 있는 방법의 수는 (단, 각 테스트에 통과한 선수가 한 명도 없을 수 있다.)

① 2^5　② $6 \cdot 2^5$　③ 3^5　④ $10 \cdot 2^5$　⑤ 4^5

해답 ③

풀이 1차 테스트를 통과할 집합 S의 첫 번째 경우는 5명 모두 통과하는 것이고 두 번째 경우는 4명만이 통과하는 것이고 세 번째는 3명만이 통과하는 것이고 네 번째는 2명만이 통과하는 것이고 다섯 번째는 1명만이 통과하는 것이고 여섯 번째는 5명 모두 통과하지 못하는 것이다. 각 경우에 다시 2차 테스트를 통과할 집합 T의 경우도 1차 테스트 때와 마찬가지로 생각할 수 있으므로 두 집합 S와 T가 구성될 수 있는 방법의 수는

$$\left({}_5C_5 \times \sum_{k=0}^{5} {}_5C_k\right) + \left({}_5C_4 \times \sum_{k=0}^{4} {}_4C_k\right) + \left({}_5C_3 \times \sum_{k=0}^{3} {}_3C_k\right) + \left({}_5C_2 \times \sum_{k=0}^{2} {}_2C_k\right) + \left({}_5C_1 \times \sum_{k=0}^{1} {}_1C_k\right) + 1$$

$$= 2^5 + (5 \times 2^4) + (10 \times 2^3) + (10 \times 2^2) + (5 \times 2^1) + 1 = 243 = 3^5$$

이다.

[2010학년도 1차 기출문제 및 풀이]

●○ 빨간색, 노란색, 파란색 구슬이 각각 20개씩 들어 있는 바구니에서 30개의 구슬을 한꺼번에 꺼낸다고 하자. 꺼낸 구슬 중 빨간색, 노란색, 파란색, 구슬의 개수를 각각 x, y, z 할 때, 서로 다른 모든 순서쌍 (x, y, z)의 개수는?

해답 ??

풀이 조건에 의하면 $x+y+z=30 \quad (0 \le x \le 20, 0 \le y \le 20, 0 \le z \le 20)$인데, 우선 $x+y+z=30(x \ge 0, y \ge 0, z \ge 0)$을 구한다.

따라서 ${}_3H_{20}=496$이다.

그런데, 이 496가지에는 x, y, z 각각이 21 이상이 되는 경우가 포함되어 있으므로 이 부분을 제외한다.

(i) $x+y+z=30(x \ge 21, y \ge 0, z \ge 0)$

$\therefore\ {}_3\mathrm{H}_{30-21} = {}_3\mathrm{H}_9 = 55$

(ii) $x+y+z=30(x \ge 0, y \ge 21, z \ge 0)$

$\therefore\ {}_3\mathrm{H}_{30-21} = {}_3\mathrm{H}_9 = 55$

(iii) $x+y+z=30(x \ge 0, y \ge 0, z \ge 21)$

$\therefore\ {}_3\mathrm{H}_{30-21} = {}_3\mathrm{H}_9 = 55$

따라서 총가지 수는 $496-3\times 55=496-165=331$가지이다.

●○ 이산형 확률변수 X의 적률생성함수(moment generating function)가 다음과 같다.

$$M_X(t)=E(e^{tX})=\frac{2}{5}+\frac{1}{5}e^{-t}+\frac{2}{5}e^{t} \quad (t\text{는 실수})$$

이때, 확률변수 $Y=X^2$의 평균과 분산은?

	평균	분산
①	$\frac{1}{5}$	$\frac{4}{25}$
②	$\frac{1}{5}$	$\frac{6}{25}$
③	$\frac{1}{5}$	$\frac{14}{25}$
④	$\frac{3}{5}$	$\frac{6}{25}$
⑤	$\frac{3}{5}$	$\frac{14}{25}$

해답 ④

풀이 적률생성함수의 각 도함수는

$$(M_X(t))' = -\frac{1}{5}e^{-t}+\frac{2}{5}e^{t},\ (M_X(t))'' = \frac{1}{5}e^{-t}+\frac{2}{5}e^{t},$$

$$(M_X(t))''' = -\frac{1}{5}e^{-t}+\frac{2}{5}e^{t},\ (M_X(t))^{(4)} = \frac{1}{5}e^{-t}+\frac{2}{5}e^{t}$$

이다. 적률생성함수의 성질에 의하여 각 도함수에 $t=0$을 대입한 계수는 각 확률변수의 기대값과 같다. 즉,

$$E(X)=(M_X(0))'=-\frac{1}{5}+\frac{2}{5}=\frac{1}{5},\ E(X^2)=(M_X(0))''=\frac{1}{5}+\frac{2}{5}=\frac{3}{5},$$

$$E(X^3)=(M_X(t))'''=-\frac{1}{5}+\frac{2}{5}=\frac{1}{5},\ E(X^4)=(M_X(0))^{(4)}=\frac{1}{5}+\frac{2}{5}=\frac{3}{5}$$

이다.

따라서 확률변수 $Y=X^2$의 기대값은 $E(X^2)=\frac{3}{5}$이고, 분산의 전개식에 의하여 확률변수 $Y=X^2$의 분산은

$V(X^2)=E((X^2)^2)-\{E(X^2)\}^2=E(X^4)-\{E(X^2)\}^2=\frac{3}{5}-\left(\frac{3}{5}\right)^2=\frac{6}{25}$이다.

과거 조사에 의하면 어느 지역의 초등학교 5학년 학생들의 신장은 평균 141.0㎝이었다. 줄넘기 운동이 또래 아이들의 신장 발육에 도움이 되는지를 알아보고자 체육 활동에서 이 운동을 적극 권장하여 실시하여 왔다. 이 운동을 꾸준하게 실시한 또래 아이들 중 임의로 추출한 81명의 신장을 조사한 결과 평균 142.2㎝, 표준편차 6.0㎝이었다. 줄넘기 운동이 아이들의 신장 발육에 도움이 된다고 할 수 있는지를 유의수준 $\alpha=0.05$로 다음 단계와 같이 검정할 때, (가), (나), (다)에 알맞은 것은? (단, 이 지역 아이들의 과거와 현재의 생활 환경과 영양 섭취 등은 같고 아이들의 신장을 정규분포를 따른다고 가정한다.)

〈1단계〉	가설검정
	귀무가설 H_0에 대한 대립가설 H_1 : (가)
〈2단계〉	검정통계량과 분포
	표본의 크기가 $n=81$로 충분히 크므로 귀무가설 H_0가 참이라는 가정 하에서 검정통계량 $Z=\frac{\overline{X}-\mu}{S/\sqrt{n}}$는 표준정규분포 $N(0,\ 1)$에 근사한다.
	(단, $\overline{X}$는 표본평균, μ는 모평균, S는 표본표준편차이다.)
〈3단계〉	유의수준 $\alpha=0.05$에 대한 기각역은 (나)
〈4단계〉	검정통계량의 관측값을 구한다.
〈5단계〉	결론
	검정통계량의 관측값을 기각역과 비교한 결과 줄넘기 운동이 신장 발육에 (다)
※참고 :	$Z\sim N(0,\ 1)$일 때, $P(\lvert Z\rvert\le 1.645)=0.90$, $P(\lvert Z\rvert\le 1.96)=0.95$이다.

	(가)	(나)	(다)
①	$\mu > 141.0$	$Z \geq 1.645$	도움이 된다고 할 수 있다.
②	$\mu > 141.0$	$Z \geq 1.96$	도움이 된다고 할 수 있다.
③	$\mu > 141.0$	$\lvert Z \rvert \geq 1.96$	도움이 된다는 충분한 증거가 없다.
④	$\mu > 142.2$	$Z \geq 1.96$	도움이 된다는 충분한 증거가 없다.
⑤	$\mu > 142.2$	$Z \geq 1.645$	도움이 된다는 충분한 증거가 없다.

해답 ①

풀이 모분산 σ^2이 알려지지 않았지만 표본의 크기 $n=81(>30)$이므로 표본표준편차 $S=6.0$를 이용하여 정규분포 검정을 한다.

〈1단계〉 가설 ☞ 귀무가설 $H_0 : \mu = 141.0$, 대립가설 $H_1 : \mu > 141.0$

〈2단계〉 검정통계량과 분포 ☞ $Z = \dfrac{\overline{X} - \mu_0}{\dfrac{S}{\sqrt{n}}} \sim N(0.1)$

〈3단계〉 유의수준 ☞ $\alpha = 0.05$일 때 $z_{0.05} = 1.645$이므로 기각역은 $Z > 1.645$이다.

〈4단계〉 검정통계량 관측값 ☞ $Z = \dfrac{142.2 - 141.0}{\dfrac{6}{\sqrt{81}}} = \dfrac{3.6}{2} = 1.8$

〈5단계〉 결론 ☞ $Z > z_\alpha$이므로 H_0은 기각된다. 즉, H_1이 채택된다. 따라서 줄넘기 운동이 아이들의 신장 발육에 도움이 된다고 할 수 있다.

●○ 확률밀도함수(probability dessity function)가 두 상수 a, b에 대하여

$$f(x) = \begin{cases} 0 & ,x < 0 \\ a & ,0 \leq x < 1 \\ be^{1-x} & ,1 \leq x < \infty \end{cases}$$

인 분포를 따르는 모집단이 있다. 이 모집단에서 크기가 2인 표분을 임의로 추출하였을 때, 표본평균 $\overline{X}$의 평균이 $\frac{3}{2}$이다.

$a^2 + b^2$의 값은?[1.5점]

풀이 (i) $\int_{-\infty}^{\infty} f(x)dx = \int_0^1 adx + \int_1^{\infty} be^{1-x}dx = a + b = 1$

(ii) $E(X) = \int_{-\infty}^{\infty} xf(x)dx = \int_0^1 axdx + \int_1^{\infty} bxe^{1-x}dx = \frac{1}{2}a + 2b = \frac{3}{2}$

이때, (i), (ii)에 의해서, $a = \frac{1}{2}$, $b = \frac{2}{3}$이다.

$$\therefore\ a^2 + b^2 = \frac{5}{9}$$

한개의 주사위를 던져 나온 눈의 수를 X라 하고, 나온 눈의 수와 같은 개수의 동전을 던져 나오는 앞면의 수를 Y라 하자. $X=m$이 주어질 때 Y의 조건부 확률함수(조건부 확률질량함수, conditional probability function)를 $p_{Y|X}(n|m)$, Y의 확률함수를 $p_Y(n)$이라 하자. $p_{Y|X}(n|m)$, $p_Y(0)$을 옳게 나타낸 것은?[2.5점]

풀이

Y \ X	1	2	3	4	5	6	$P_X(m)$
0	$\frac{1}{6}\frac{1}{2}$	$\frac{1}{6}\frac{1}{4}$	$\frac{1}{6}\frac{1}{8}$	$\frac{1}{6}\frac{1}{16}$	$\frac{1}{6}\frac{1}{32}$	$\frac{1}{6}\frac{1}{64}$	$\frac{1}{6}\frac{63}{64}$
1	$\frac{1}{6}\frac{1}{2}$	$\frac{1}{6}\frac{2}{4}$	$\frac{1}{6}\frac{3}{8}$	$\frac{1}{6}\frac{4}{16}$	$\frac{1}{6}\frac{5}{32}$	$\frac{1}{6}\frac{6}{64}$	
2	0	$\frac{1}{6}\frac{1}{4}$	$\frac{1}{6}\frac{3}{8}$	$\frac{1}{6}\frac{6}{16}$	$\frac{1}{6}\frac{10}{32}$	$\frac{1}{6}\frac{15}{64}$	
3	0	0	$\frac{1}{6}\frac{1}{8}$	$\frac{1}{6}\frac{4}{16}$	$\frac{1}{6}\frac{10}{32}$	$\frac{1}{6}\frac{20}{64}$	
4	0	0	0	$\frac{1}{6}\frac{1}{16}$	$\frac{1}{6}\frac{5}{32}$	$\frac{1}{6}\frac{15}{64}$	
5	0	0	0	0	$\frac{1}{6}\frac{1}{32}$	$\frac{1}{6}\frac{6}{64}$	
6	0	0	0	0	0	$\frac{1}{6}\frac{1}{64}$	
$P_Y(n)$	$\frac{1}{6}$	$\frac{1}{6}$	$\frac{1}{6}$	$\frac{1}{6}$	$\frac{1}{6}$	$\frac{1}{6}$	1

이때 결합확률 $P(m,n)=\frac{1}{6}\frac{\binom{m}{n}}{2^m}$이고, $P_X(m)=\frac{1}{6}$이다.

(i) $P_{Y|X}(n|m)=\frac{P(m,n)}{P_X(m)}=\frac{\frac{1}{6}\frac{\binom{m}{n}}{2^m}}{\frac{1}{6}}=\frac{\binom{m}{n}}{2^m}$

(ii) $P_Y(0)=\frac{1}{6}\frac{1}{2}+\frac{1}{6}\frac{1}{4}+\frac{1}{6}\frac{1}{8}+\frac{1}{6}\frac{1}{16}+\frac{1}{6}\frac{1}{32}+\frac{1}{6}\frac{1}{64}=\frac{1}{6}\frac{63}{64}$

[2012학년도 1차 기출문제 및 풀이]

상자 A에 빨간 공 2개와 흰 공 3개가 들어 있고, 상자 B에 빨간 공 2개와 흰 공 m개가 들어 있다.

상자 A가 선택될 확률이 $\frac{1}{3}$이고 상자 B가 선택될 확률이 $\frac{2}{3}$이다. 두 상자 A, B 중 하나를 선택하여 그 상자에서 임의로 추출한 한 개의 공이 흰 공일 때, 이 흰 공이 상자 A에서 추출되었을 조건부 확률이 $\frac{2}{7}$이다. m의 값은?

풀이

$$\frac{2}{7}=\frac{\frac{1}{3}\times\frac{3}{5}}{\left(\frac{1}{3}\times\frac{3}{5}\right)+\left(\frac{2}{3}\times\frac{n}{2+n}\right)} \quad \Rightarrow \frac{2}{7}=\frac{3n+6}{13n+6}$$

$$\Rightarrow 21n+42=26n+12$$

$$\Rightarrow 5n=30$$

$$\therefore n=6$$

●○ 두 이산형 확률변수 X와 Y의 결합확률질양함수(joint probabiliyt mass function) $f(x,y)=P(X=x,Y=y)$를 $f(x,y)=\frac{3x-y}{12}$, $x=1,2$, $y=1,2$라 하자. $Y=1$일 때, X의 조건부 기대값(조건부 평균) $E(X|Y=1)$의 값은?

풀이

$$f_Y(y)=f(1,y)+f(2,y)=\frac{9-29}{12}$$

$$f(x|y)=\frac{f(x,y)}{f_Y(y)}=\frac{\frac{3x-y}{12}}{\frac{9-2y}{12}}=\frac{3x-y}{9-2y}$$

$$E(X|Y=1)=1\times f(1|1)+2\times f(2|1)=\frac{3-1}{9-2}+2\times\frac{6-1}{9-2}=\frac{12}{7}$$

[2013학년도 1차 기출문제 및 풀이]

●○ 동전 3개를 동시에 던져서 모두 앞면이 나오는 경우를 성공이라 하자. 동전 3개를 동시에 던지는 시행을 독립적으로 반복할 때, 5번 성공할 때까지의 시행 횟수를 확률변수 X라 하자. 옳은 것만을 〈보기〉에서 있는 대로 고른 것은?

〈보기〉

ㄱ. $P(X\le 4)=0$

ㄴ. $\sum_{k=1}^{\infty}P(X=k)=1$

ㄷ. $P(X=13)=\binom{12}{1}\left(\frac{1}{2}\right)^5\left(\frac{7}{8}\right)^8$

① ㄴ　② ㄱ, ㄴ　③ ㄱ, ㄷ　④ ㄴ, ㄷ　⑤ ㄱ, ㄴ, ㄷ

해답 ⑤

●○ 연속확률변수 X의 확률밀도함수(probability density function) $f(x)$가

$$f(x)=\frac{2}{3}x \qquad (1<x<2)$$

이다. 확률변수 $Y=\frac{2}{X}$에 대하여 Y의 기대값 $E(Y)$의 값은?

① $\frac{1}{3}$　② $\frac{2}{3}$　③ 1　④ $\frac{4}{3}$　⑤ $\frac{5}{3}$

해답 ④

●○ 어느 지역의 성인 300명을 대상으로 조사한 결과, 영양제를 주 2회 이상 복용하는 사람이 180명이었다. 이 지역의 성인중 영양제를 주 2회 이상 복용하는 사람의 비율에 대한 95%신뢰구간은?

(단, $\sqrt{2}$는 1.41로 계산하고, $Z\sim N(0,1)$일 때 $P(|Z|\le 2.58)=0.99$이다. 수수점 아래 다섯째 자리에서 반올림한다.)

① (0.5472, 0.6528)　② (0.5372, 0.6628)　③ (0.5272, 0.6728)

④ (0.5172, 0.6828)　⑤ (0.5072, 0.6928)

해답 ③

●○ A, B, C, D, E 다섯 종류의 과자가 있다. 이 중에서 A과자를 4개 이상 포함하지 않도록 과자 12개를 택하는 경우의 수는?

(단, 각 종류의 과자는 12개 이상씩 있다)

① 1310　② 1315　③ 1320　④ 1325　⑤ 1330

해답 ④

부록

[표 1] 이항 누적분포함수

$$B(x\,;n,p)=\sum_{k=0}^{x}\binom{n}{k}p^k(1-p)^{n-k}$$

n	x	p = 0.05	0.10	0.15	0.20	0.25	0.30	0.35	0.40	0.45
1	0	0.9500	0.9000	0.8500	0.8000	0.7500	0.7000	0.6500	0.6000	0.5500
2	0	0.9025	0.8100	0.7225	0.6400	0.5625	0.4900	0.4225	0.3600	0.3025
	1	0.9975	0.9900	0.9775	0.9600	0.9375	0.9100	0.8775	0.8400	0.7975
3	0	0.8574	0.7290	0.6141	0.5120	0.4219	0.3430	0.2746	0.2160	0.1664
	1	0.9928	0.9720	0.9393	0.8960	0.8438	0.7840	0.7182	0.6480	0.5748
	2	0.9999	0.9990	0.9967	0.9920	0.9844	0.9730	0.9571	0.9360	0.9089

n	x	p = 0.50	0.55	0.60	0.65	0.70	0.75	0.80	0.85	0.90	0.95
1	0	0.5000	0.4500	0.4000	0.3500	0.3000	0.2500	0.2000	0.1500	0.1000	0.0500
2	0	0.2500	0.2025	0.1600	0.1225	0.0900	0.0625	0.0400	0.0225	0.0100	0.0025
	1	0.7500	0.6975	0.6400	0.5775	0.5100	0.4375	0.3600	0.2775	0.1900	0.0975
3	0	0.1250	0.0911	0.0640	0.0429	0.0270	0.0156	0.0080	0.0034	0.0010	0.0001
	1	0.5000	0.4252	0.3520	0.2818	0.2160	0.1406	0.1040	0.0608	0.0280	0.0072
	2	0.8750	0.8336	0.7840	0.7254	0.6570	0.5625	0.4880	0.3859	0.2710	0.1426

[표 1] 이항 누적분포함수(계속)

		p								
n	*x*	0.05	0.10	0.15	0.20	0.25	0.30	0.35	0.40	0.45
4	0	0.8145	0.6561	0.5220	0.4096	0.3164	0.2401	0.1785	0.1296	0.0915
	1	0.9860	0.9477	0.8905	0.8192	0.7383	0.6517	0.5630	0.4752	0.3910
	2	0.9995	0.9963	0.9880	0.9728	0.9492	0.9163	0.8735	0.8208	0.7585
	3	1.0000	0.9999	0.9995	0.9984	0.9961	0.9919	0.9850	0.9744	0.9590
5	0	0.7738	0.5905	0.4437	0.3277	0.2373	0.1681	0.1160	0.0778	0.0503
	1	0.9774	0.9185	0.8352	0.7373	0.6328	0.5282	0.4284	0.3370	0.2562
	2	0.9988	0.9914	0.9734	0.9421	0.8965	0.8369	0.7648	0.6826	0.5931
	3	1.0000	0.9995	0.9978	0.9933	0.9844	0.9692	0.9460	0.9130	0.8688
	4	1.0000	1.0000	0.9999	0.9997	0.9990	0.9976	0.9947	0.9898	0.9815
6	0	0.7351	0.5314	0.3771	0.2621	0.1780	0.1176	0.0754	0.0467	0.0277
	1	0.9672	0.8857	0.7765	0.6554	0.5339	0.4202	0.3191	0.2333	0.1636
	2	0.9978	0.9842	0.9527	0.9011	0.8306	0.7443	0.6471	0.5443	0.4415
	3	0.9999	0.9987	0.9941	0.9830	0.9624	0.9295	0.8826	0.8208	0.7447
	4	1.0000	0.9999	0.9996	0.9984	0.9954	0.9891	0.9777	0.9590	0.9308
	5	1.0000	1.0000	1.0000	0.9999	0.9998	0.9993	0.9982	0.9959	0.9917
7	0	0.6983	0.4783	0.3206	0.2097	0.1335	0.0824	0.0490	0.0280	0.0152
	1	0.9556	0.8503	0.7166	0.5767	0.4449	0.3294	0.2338	0.1586	0.1024
	2	0.9962	0.9743	0.9262	0.8520	0.7564	0.6471	0.5323	0.4199	0.3164
	3	0.9998	0.9973	0.9879	0.9667	0.9294	0.8740	0.8002	0.7102	0.6083
	4	1.0000	0.9998	0.9988	0.9953	0.9871	0.9712	0.9444	0.9037	0.8471
	5	1.0000	1.0000	0.9999	0.9996	0.9987	0.9962	0.9910	0.9812	0.9643
	6	1.0000	1.0000	1.0000	1.0000	0.9999	0.9998	0.9994	0.9984	0.9963

[표 1] 이항 누적분포함수(계속)

		p									
n	x	0.50	0.55	0.60	0.65	0.70	0.75	0.80	0.85	0.90	0.95
4	0	0.0625	0.0410	0.0256	0.0150	0.0081	0.0039	0.0016	0.0005	0.0001	0.0000
	1	0.3125	0.2415	0.1792	0.1265	0.0837	0.0508	0.0272	0.0120	0.0037	0.0005
	2	0.6875	0.6090	0.5248	0.4370	0.3483	0.2617	0.1808	0.1095	0.0523	0.0140
	3	0.9375	0.9085	0.8704	0.8215	0.7599	0.6836	0.5904	0.4780	0.3439	0.1855
5	0	0.0312	0.0185	0.0102	0.0053	0.0024	0.0010	0.0003	0.0001	0.0000	0.0000
	1	0.1875	0.1312	0.0870	0.0540	0.0308	0.0156	0.0067	0.0022	0.0005	0.0000
	2	0.5000	0.4069	0.3174	0.2352	0.1631	0.1035	0.0579	0.0266	0.0086	0.0012
	3	0.8125	0.7438	0.6630	0.5716	0.4718	0.3672	0.2627	0.1648	0.0815	0.0226
	4	0.9688	0.9497	0.9222	0.8840	0.8319	0.7627	0.6723	0.5563	0.4095	0.2262
6	0	0.0156	0.0083	0.0041	0.0018	0.0007	0.0002	0.0001	0.0000	0.0000	0.0000
	1	0.1094	0.0692	0.0410	0.0223	0.0109	0.0046	0.0016	0.0004	0.0001	0.0000
	2	0.3438	0.2553	0.1792	0.1174	0.0705	0.0376	0.0170	0.0059	0.0013	0.0001
	3	0.6562	0.5585	0.4557	0.3529	0.2557	0.1694	0.0989	0.0473	0.0158	0.0022
	4	0.8906	0.8364	0.7667	0.6809	0.5798	0.4661	0.3446	0.2235	0.1143	0.0328
	5	0.9844	0.9723	0.9533	0.9246	0.8824	0.8220	0.7379	0.6229	0.4686	0.2649
7	0	0.0078	0.0037	0.0016	0.0006	0.0002	0.0001	0.0000	0.0000	0.0000	0.0000
	1	0.0625	0.0357	0.0188	0.0090	0.0038	0.0013	0.0004	0.0001	0.0000	0.0000
	2	0.2266	0.1529	0.0963	0.0556	0.0288	0.0129	0.0047	0.0012	0.0002	0.0000
	3	0.5000	0.3917	0.2898	0.1998	0.1260	0.0706	0.0333	0.0121	0.0027	0.0002
	4	0.7734	0.6836	0.5801	0.4677	0.3529	0.2436	0.1480	0.0738	0.0257	0.0038
	5	0.9375	0.8976	0.8414	0.7662	0.6706	0.5551	0.4233	0.2834	0.1497	0.0444
	6	0.9922	0.9848	0.9720	0.9510	0.9176	0.8665	0.7903	0.6794	0.5217	0.3017

[표 1] 이항 누적분포함수(계속)

		p								
n	x	0.05	0.10	0.15	0.20	0.25	0.30	0.35	0.40	0.45
8	0	0.6634	0.4305	0.2725	0.1678	0.1001	0.0576	0.0319	0.0168	0.0084
	1	0.9428	0.8131	0.6572	0.5033	0.3671	0.2553	0.1691	0.1064	0.0632
	2	0.9942	0.9619	0.8948	0.7969	0.6785	0.5518	0.4278	0.3154	0.2201
	3	0.9996	0.9950	0.9786	0.9437	0.8862	0.8059	0.7064	0.5941	0.4770
	4	1.0000	0.9996	0.9971	0.9896	0.9727	0.9420	0.8939	0.8263	0.7396
	5	1.0000	1.0000	0.9998	0.9988	0.9958	0.9887	0.9747	0.9502	0.9115
	6	1.0000	1.0000	1.0000	0.9999	0.9996	0.9987	0.9964	0.9915	0.9819
	7	1.0000	1.0000	1.0000	1.0000	1.0000	0.9999	0.9998	0.9993	0.9983
9	0	0.6302	0.3874	0.2316	0.1342	0.0751	0.0404	0.0207	0.0101	0.0046
	1	0.9288	0.7748	0.5995	0.4362	0.3003	0.1960	0.1211	0.0705	0.0385
	2	0.9916	0.9470	0.8591	0.7382	0.6007	0.4628	0.3373	0.2318	0.1495
	3	0.9994	0.9917	0.9661	0.9144	0.8343	0.7297	0.6089	0.4826	0.3614
	4	1.0000	0.9991	0.9944	0.9804	0.9511	0.9012	0.8283	0.7334	0.6214
	5	1.0000	0.9999	0.9994	0.9969	0.9900	0.9747	0.9464	0.9006	0.8342
	6	1.0000	1.0000	1.0000	0.9997	0.9987	0.9957	0.9888	0.9750	0.9502
	7	1.0000	1.0000	1.0000	1.0000	0.9999	0.9996	0.9986	0.9962	0.9909
	8	1.0000	1.0000	1.0000	1.0000	1.0000	1.0000	0.9999	0.9997	0.9992
	0	0.5987	0.3487	0.1969	0.1074	0.0563	0.0282	0.0135	0.0060	0.0025
	1	0.9139	0.7361	0.5443	0.3758	0.2440	0.1493	0.0860	0.0464	0.0233
10	2	0.9885	0.9298	0.8202	0.6778	0.5256	0.3828	0.2616	0.1673	0.0996
	3	0.9990	0.9872	0.9500	0.8791	0.7759	0.6496	0.5138	0.3823	0.2660
	4	0.9999	0.9984	0.9901	0.9672	0.9219	0.8497	0.7515	0.6331	0.5044
	5	1.0000	0.9999	0.9986	0.9936	0.9803	0.9527	0.9051	0.8338	0.7384
	6	1.0000	1.0000	0.9999	0.9991	0.9965	0.9894	0.9740	0.9452	0.8980
	7	1.0000	1.0000	1.0000	0.9999	0.9996	0.9984	0.9952	0.9877	0.9726
	8	1.0000	1.0000	1.0000	1.0000	1.0000	0.9999	0.9995	0.9983	0.9955
	9	1.0000	1.0000	1.0000	1.0000	1.0000	1.0000	1.0000	0.9999	0.9997

[표 1] 이항 누적분포함수 (계속)

		p									
n	x	0.50	0.55	0.60	0.65	0.70	0.75	0.80	0.85	0.90	0.95
8	0	0.0039	0.0017	0.0007	0.0002	0.0001	0.0000	0.0000	0.0000	0.0000	0.0000
	1	0.0352	0.0181	0.0085	0.0036	0.0013	0.0004	0.0001	0.0000	0.0000	0.0000
	2	0.1445	0.0885	0.0498	0.0253	0.0113	0.0042	0.0012	0.0002	0.0000	0.0000
	3	0.3633	0.2604	0.1737	0.1061	0.0580	0.0273	0.0104	0.0029	0.0004	0.0000
	4	0.6367	0.5230	0.4059	0.2936	0.1941	0.1138	0.0563	0.0214	0.0050	0.0004
	5	0.8555	0.7799	0.6846	0.5722	0.4482	0.3215	0.2031	0.1052	0.0381	0.0058
	6	0.9648	0.9368	0.8936	0.8309	0.7447	0.6329	0.4967	0.3428	0.1869	0.0572
	7	0.9961	0.9916	0.9832	0.9681	0.9424	0.8999	0.8322	0.7275	0.5695	0.3366
9	0	0.0020	0.0008	0.0003	0.0001	0.0000	0.0000	0.0000	0.0000	0.0000	0.0000
	1	0.0195	0.0091	0.0038	0.0014	0.0004	0.0001	0.0000	0.0000	0.0000	0.0000
	2	0.0898	0.0498	0.0250	0.0112	0.0043	0.0013	0.0003	0.0000	0.0000	0.0000
	3	0.2539	0.1658	0.0994	0.0536	0.0253	0.0100	0.0031	0.0006	0.0001	0.0000
	4	0.5000	0.3786	0.2666	0.1717	0.0988	0.0489	0.0196	0.0056	0.0009	0.0000
	5	0.7461	0.6386	0.5174	0.3911	0.2703	0.1657	0.0856	0.0339	0.0083	0.0006
	6	0.9102	0.8505	0.7682	0.6627	0.5372	0.3993	0.2618	0.1409	0.0530	0.0084
	7	0.9805	0.9615	0.9295	0.8789	0.8040	0.6997	0.5638	0.4005	0.2252	0.0712
	8	0.9980	0.9954	0.9899	0.9793	0.9596	0.9249	0.8658	0.7684	0.6126	0.3698
10	0	0.0010	0.0003	0.0001	0.0000	0.0000	0.0000	0.0000	0.0000	0.0000	0.0000
	1	0.0107	0.0045	0.0017	0.0005	0.0001	0.0000	0.0000	0.0000	0.0000	0.0000
	2	0.0547	0.0274	0.0123	0.0048	0.0016	0.0004	0.0001	0.0000	0.0000	0.0000
	3	0.1719	0.1020	0.0548	0.0260	0.0106	0.0035	0.0009	0.0001	0.0000	0.0000
	4	0.3770	0.2616	0.1662	0.0949	0.0473	0.0197	0.0064	0.0014	0.0001	0.0000
	5	0.6230	0.4956	0.3669	0.2485	0.1503	0.0781	0.0328	0.0099	0.0016	0.0001
	6	0.8281	0.7340	0.6177	0.4862	0.3504	0.2241	0.1209	0.0500	0.0128	0.0010
	7	0.9453	0.9004	0.8327	0.7384	0.6172	0.4474	0.3222	0.1798	0.0702	0.0115
	8	0.9893	0.9767	0.9536	0.9140	0.8507	0.7560	0.6242	0.4557	0.2639	0.0861
	9	0.9990	0.9975	0.9940	0.9865	0.9718	0.9437	0.8926	0.8031	0.6513	0.4013

[표 1] 이항 누적분포함수(계속)

n	x	0.05	0.10	0.15	0.20	0.25	0.30	0.35	0.40	0.45
15	0	0.4633	0.2059	0.0874	0.0352	0.0134	0.0047	0.0016	0.0005	0.0001
	1	0.8290	0.5490	0.3186	0.1671	0.0802	0.0353	0.0142	0.0052	0.0017
	2	0.9638	0.8159	0.6042	0.3980	0.2361	0.1268	0.0617	0.0271	0.0107
	3	0.9945	0.9444	0.8227	0.6482	0.4613	0.2969	0.1727	0.0905	0.0424
	4	0.9994	0.9873	0.9383	0.8358	0.6865	0.5155	0.3519	0.2173	0.1204
	5	0.9999	0.9978	0.9832	0.9389	0.8516	0.7216	0.5643	0.4032	0.2608
	6	1.0000	0.9997	0.9964	0.9819	0.9434	0.8689	0.7548	0.6098	0.4522
	7	1.0000	1.0000	0.9994	0.9958	0.9827	0.9500	0.8868	0.7869	0.6535
	8	1.0000	1.0000	0.9999	0.9992	0.9958	0.9848	0.9578	0.9050	0.8182
	9	1.0000	1.0000	1.0000	0.9999	0.9992	0.9963	0.9876	0.9662	0.9231
	10	1.0000	1.0000	1.0000	1.0000	0.9999	0.9993	0.9972	0.9907	0.9745
	11	1.0000	1.0000	1.0000	1.0000	1.0000	0.9999	0.9995	0.9981	0.9937
	12	1.0000	1.0000	1.0000	1.0000	1.0000	1.0000	0.9999	0.9997	0.9989
	13	1.0000	1.0000	1.0000	1.0000	1.0000	1.0000	1.0000	1.0000	0.9999
	14	1.0000	1.0000	1.0000	1.0000	1.0000	1.0000	1.0000	1.0000	1.0000
20	0	0.3585	0.1216	0.0388	0.0115	0.0032	0.0008	0.0002	0.0000	0.0000
	1	0.7358	0.3917	0.1756	0.0692	0.0243	0.0076	0.0021	0.0005	0.0001
	2	0.9245	0.6769	0.4049	0.2061	0.0913	0.0355	0.0121	0.0036	0.0009
	3	0.9841	0.8670	0.6477	0.4114	0.2252	0.1071	0.0444	0.0160	0.0049
	4	0.9974	0.9568	0.8298	0.6296	0.4148	0.2375	0.1182	0.0510	0.0189
	5	0.9997	0.9887	0.9327	0.8042	0.6172	0.4164	0.2454	0.1256	0.0553
	6	1.0000	0.9976	0.9781	0.9133	0.7858	0.6080	0.4166	0.2500	0.1299
	7	1.0000	0.9996	0.9941	0.9679	0.8982	0.7723	0.6010	0.4159	0.2520
	8	1.0000	0.9999	0.9987	0.9900	0.9591	0.8867	0.7624	0.5956	0.4143
	9	1.0000	1.0000	0.9998	0.9974	0.9861	0.9520	0.8782	0.7553	0.5914
	10	1.0000	1.0000	1.0000	0.9994	0.9961	0.9829	0.9468	0.8725	0.7507
	11	1.0000	1.0000	1.0000	0.9999	0.9991	0.9949	0.9804	0.9435	0.8692
	12	1.0000	1.0000	1.0000	1.0000	0.9998	0.9987	0.9940	0.9790	0.9420
	13	1.0000	1.0000	1.0000	1.0000	1.0000	0.9997	0.9985	0.9935	0.9786
	14	1.0000	1.0000	1.0000	1.0000	1.0000	1.0000	0.9997	0.9984	0.9936
	15	1.0000	1.0000	1.0000	1.0000	1.0000	1.0000	1.0000	0.9997	0.9985
	16	1.0000	1.0000	1.0000	1.0000	1.0000	1.0000	1.0000	1.0000	0.9997
	17	1.0000	1.0000	1.0000	1.0000	1.0000	1.0000	1.0000	1.0000	1.0000
	18	1.0000	1.0000	1.0000	1.0000	1.0000	1.0000	1.0000	1.0000	1.0000
	19	1.0000	1.0000	1.0000	1.0000	1.0000	1.0000	1.0000	1.0000	1.0000
	20	1.0000	1.0000	1.0000	1.0000	1.0000	1.0000	1.0000	1.0000	1.0000

[표 1] 이항 누적분포함수(계속)

n	x	p = 0.50	0.55	0.60	0.65	0.70	0.75	0.80	0.85	0.90	0.95
15	0	0.0000	0.0000	0.0000	0.0000	0.0000	0.0000	0.0000	0.0000	0.0000	0.0000
	1	0.0005	0.0001	0.0000	0.0000	0.0000	0.0000	0.0000	0.0000	0.0000	0.0000
	2	0.0037	0.0011	0.0003	0.0001	0.0000	0.0000	0.0000	0.0000	0.0000	0.0000
	3	0.0176	0.0063	0.0019	0.0005	0.0001	0.0000	0.0000	0.0000	0.0000	0.0000
	4	0.0592	0.0255	0.0093	0.0028	0.0007	0.0001	0.0000	0.0000	0.0000	0.0000
	5	0.1509	0.0769	0.0338	0.0124	0.0037	0.0008	0.0001	0.0000	0.0000	0.0000
	6	0.3036	0.1818	0.0950	0.0422	0.0152	0.0042	0.0008	0.0001	0.0000	0.0000
	7	0.5000	0.3465	0.2131	0.1132	0.0500	0.0173	0.0042	0.0006	0.0000	0.0000
	8	0.6964	0.5478	0.3902	0.2452	0.1311	0.0566	0.0181	0.0036	0.0003	0.0000
	9	0.8491	0.7392	0.5968	0.4357	0.2784	0.1484	0.0611	0.0168	0.0022	0.0001
	10	0.9408	0.8796	0.7827	0.6481	0.4845	0.3135	0.1642	0.0617	0.0127	0.0006
	11	0.9824	0.9576	0.9095	0.8273	0.7031	0.5387	0.3518	0.1773	0.0556	0.0055
	12	0.9963	0.9893	0.9729	0.9383	0.8732	0.7639	0.6020	0.3958	0.1841	0.0362
	13	0.9995	0.9983	0.9948	0.9858	0.9647	0.9198	0.8329	0.6814	0.4510	0.1710
	14	1.0000	0.9999	0.9995	0.9984	0.9953	0.9866	0.9648	0.9126	0.7941	0.5367
20	0	0.0000	0.0000	0.0000	0.0000	0.0000	0.0000	0.0000	0.0000	0.0000	0.0000
	1	0.0000	0.0000	0.0000	0.0000	0.0000	0.0000	0.0000	0.0000	0.0000	0.0000
	2	0.0002	0.0000	0.0000	0.0000	0.0000	0.0000	0.0000	0.0000	0.0000	0.0000
	3	0.0013	0.0003	0.0000	0.0000	0.0000	0.0000	0.0000	0.0000	0.0000	0.0000
	4	0.0059	0.0015	0.0003	0.0000	0.0000	0.0000	0.0000	0.0000	0.0000	0.0000
	5	0.0207	0.0064	0.0016	0.0003	0.0000	0.0000	0.0000	0.0000	0.0000	0.0000
	6	0.0577	0.0214	0.0065	0.0015	0.0003	0.0000	0.0000	0.0000	0.0000	0.0000
	7	0.1316	0.0580	0.0210	0.0060	0.0013	0.0002	0.0000	0.0000	0.0000	0.0000
	8	0.2517	0.1308	0.0565	0.0196	0.0051	0.0009	0.0001	0.0000	0.0000	0.0000
	9	0.4119	0.2493	0.1275	0.0532	0.0171	0.0039	0.0006	0.0000	0.0000	0.0000
	10	0.5881	0.4086	0.2447	0.1218	0.0480	0.0139	0.0026	0.0002	0.0000	0.0000
	11	0.7483	0.5857	0.4044	0.2376	0.1133	0.0409	0.0100	0.0013	0.0001	0.0000
	12	0.8684	0.7480	0.5841	0.3990	0.2277	0.1018	0.0321	0.0059	0.0004	0.0000
	13	0.9423	0.8701	0.7500	0.5834	0.3920	0.2142	0.0867	0.0219	0.0024	0.0000
	14	0.9793	0.9447	0.8744	0.7546	0.5836	0.3828	0.1958	0.0673	0.0113	0.0003
	15	0.9941	0.9811	0.9490	0.8818	0.7625	0.5852	0.3704	0.1702	0.0432	0.0026
	16	0.9987	0.9951	0.9840	0.9556	0.8929	0.7748	0.5886	0.3523	0.1330	0.0159
	17	0.9998	0.9991	0.9964	0.9879	0.9645	0.9087	0.7939	0.5951	0.3231	0.0755
	18	1.0000	0.9999	0.9995	0.9979	0.9924	0.9757	0.9308	0.8244	0.6083	0.2642
	19	1.0000	1.0000	1.0000	0.9998	0.9992	0.9968	0.9885	0.9612	0.8784	0.6415
	20	1.0000	1.0000	1.0000	1.0000	1.0000	1.0000	1.0000	1.0000	1.0000	1.0000

[표 2] 포아송 누적분포함수 $F(x\,;\mu)=\sum_{k=0}^{x}\frac{e^{-\mu}\mu^{k}}{k!}$

x	μ									
	0.1	0.2	0.3	0.4	0.5	0.6	0.7	0.8	0.9	1.0
0	0.9048	0.8187	0.7408	0.6730	0.6065	0.5488	0.4966	0.4493	0.4066	0.3679
1	0.9953	0.9825	0.9631	0.9384	0.9098	0.8781	0.8442	0.8088	0.7725	0.7358
2	0.9998	0.9989	0.9964	0.9921	0.9856	0.9769	0.9659	0.9526	0.9371	0.9197
3	1.0000	0.9999	0.9997	0.9992	0.9982	0.9966	0.9942	0.9909	0.9865	0.9810
4		1.0000	1.0000	0.9999	0.9998	0.9996	0.9992	0.9986	0.9977	0.9963
5				1.0000	1.0000	1.0000	0.9999	0.9998	0.0997	0.9994
6							1.0000	1.0000	1.0000	0.9999

x	μ									
	2.0	3.0	4.0	5.0	6.0	7.0	8.0	9.0	10.0	15.0
0	0.1353	0.0498	0.0183	0.0067	0.0025	0.0009	0.0003	0.0001	0.0000	
1	0.4060	0.1991	0.0916	0.0404	0.0174	0.0073	0.0030	0.0012	0.0005	
2	0.6767	0.4232	0.2381	0.1247	0.0620	0.0296	0.0138	0.0062	0.0028	0.0000
3	0.8571	0.6472	0.4335	0.2650	0.1512	0.0818	0.0424	0.0212	0.0103	0.0002
4	0.9473	0.8153	0.6288	0.4405	0.2851	0.1730	0.0996	0.0550	0.0293	0.0009
5	0.9834	0.9161	0.7851	0.6160	0.4457	0.3007	0.1912	0.1157	0.0671	0.0028
6	0.9955	0.9665	0.8893	0.7622	0.6063	0.4497	0.3134	0.2068	0.1301	0.0076
7	0.9989	0.9881	0.9489	0.8666	0.7440	0.5987	0.4530	0.3239	0.2202	0.0180
8	0.9998	0.9962	0.9786	0.9319	0.8472	0.7291	0.5925	0.4557	0.3328	0.0374
9	1.0000	0.9989	0.9919	0.9682	0.9161	0.8305	0.7166	0.5874	0.4579	0.0699
10		0.9997	0.9972	0.9863	0.9574	0.9015	0.8159	0.7060	0.5830	0.1185
11		0.9999	0.9991	0.9945	0.9799	0.9466	0.8881	0.8030	0.6968	0.1848
12		1.0000	0.9997	0.9980	0.9912	0.9730	0.9362	0.8758	0.7916	0.2676
13			0.9999	0.9993	0.9964	0.9872	0.9658	0.9261	0.8645	0.3632
14			1.0000	0.9998	0.9986	0.9943	0.9827	0.9585	0.9165	0.4657
15				0.9999	0.9995	0.9976	0.9918	0.9780	0.9513	0.5681
16				1.0000	0.9998	0.9990	0.9963	0.9889	0.9730	0.6641
17					0.9999	0.9996	0.9984	0.9947	0.9857	0.7489
18					1.0000	0.9999	0.9994	0.9976	0.9928	0.8195
19						1.0000	0.9997	0.9989	0.9965	0.8752
20							0.9999	0.9996	0.9984	0.9170
21							1.0000	0.9998	0.9993	0.9469
22								0.9999	0.9997	0.9673
23								1.0000	0.9999	0.9805
24									1.0000	0.9888
25										0.9938
26										0.9967
27										0.9983
28										0.9991
29										0.9996
30										0.9998
31										0.9999
32										1.0000

[표 3] 표준정규분포—오른쪽 꼬리 확률

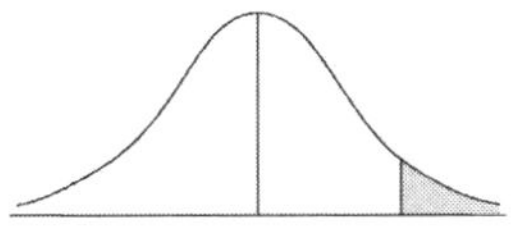

z	0.00	0.01	0.02	0.03	0.04	0.05	0.06	0.07	0.08	0.09
0.0	0.5000	0.4960	0.4920	0.4880	0.4840	0.4801	0.4761	0.4721	0.4681	0.4641
0.1	0.4602	0.4562	0.4522	0.4483	0.4443	0.4404	0.4364	0.4325	0.4286	0.4247
0.2	0.4207	0.4168	0.4129	0.4090	0.4052	0.4013	0.3974	0.3936	0.3897	0.3859
0.3	0.3821	0.3783	0.3745	0.3707	0.3669	0.3632	0.3594	0.3557	0.3520	0.3483
0.4	0.3446	0.3409	0.3372	0.3336	0.3300	0.3264	0.3228	0.3192	0.3156	0.3121
0.5	0.3085	0.3050	0.3015	0.2981	0.2946	0.2912	0.2877	0.2843	0.2810	0.2776
0.6	0.2743	0.2709	0.2676	0.2643	0.2611	0.2578	0.2546	0.2514	0.2483	0.2451
0.7	0.2420	0.2389	0.2358	0.2327	0.2296	0.2266	0.2236	0.2206	0.2177	0.2148
0.8	0.2119	0.2090	0.2061	0.2033	0.2005	0.1977	0.1949	0.1922	0.1894	0.1867
0.9	0.1841	0.1814	0.1788	0.1762	0.1736	0.1711	0.1685	0.1660	0.1635	0.1611
1.0	0.1587	0.1562	0.1539	0.1515	0.1492	0.1469	0.1446	0.1423	0.1401	0.1379
1.1	0.1357	0.1335	0.1314	0.1292	0.1271	0.1251	0.1230	0.1210	0.1190	0.1170
1.2	0.1151	0.1131	0.1112	0.1093	0.1075	0.1056	0.1038	0.1020	0.1003	0.0985
1.3	0.0968	0.0951	0.0934	0.0918	0.0901	0.0885	0.0869	0.0853	0.0838	0.0823
1.4	0.0808	0.0793	0.0778	0.0764	0.0749	0.0735	0.0721	0.0708	0.0694	0.0681
1.5	0.0668	0.0655	0.0643	0.0630	0.0618	0.0606	0.0594	0.0582	0.0571	0.0559
1.6	0.0548	0.0537	0.0526	0.0516	0.0505	0.0495	0.0485	0.0475	0.0465	0.0455
1.7	0.0446	0.0436	0.0427	0.0418	0.0409	0.0401	0.0392	0.0384	0.0375	0.0367
1.8	0.0359	0.0351	0.0344	0.0336	0.0329	0.0322	0.0314	0.0307	0.0301	0.0294
1.9	0.0287	0.0281	0.0274	0.0268	0.0262	0.0256	0.0250	0.0244	0.0239	0.0233
2.0	0.0228	0.0222	0.0217	0.0212	0.0207	0.0202	0.0197	0.0192	0.0188	0.0183
2.1	0.0179	0.0174	0.0170	0.0166	0.0162	0.0158	0.0154	0.0150	0.0146	0.0143
2.2	0.0139	0.0136	0.0132	0.0129	0.0125	0.0122	0.0119	0.0116	0.0113	0.0110
2.3	0.0107	0.0104	0.0102	0.0099	0.0096	0.0094	0.0091	0.0089	0.0087	0.0084
2.4	0.0082	0.0080	0.0078	0.0075	0.0073	0.0071	0.0069	0.0068	0.0066	0.0064
2.5	0.0062	0.0060	0.0059	0.0057	0.0055	0.0054	0.0052	0.0051	0.0049	0.0048
2.6	0.0047	0.0045	0.0044	0.0043	0.0041	0.0040	0.0039	0.0038	0.0037	0.0036
2.7	0.0035	0.0034	0.0033	0.0032	0.0031	0.0030	0.0029	0.0028	0.0027	0.0026
2.8	0.0026	0.0025	0.0024	0.0023	0.0023	0.0022	0.0021	0.0021	0.0020	0.0019
2.9	0.0019	0.0018	0.0018	0.0017	0.0016	0.0016	0.0015	0.0015	0.0014	0.0014
3.0	0.0013	0.0013	0.0013	0.0012	0.0012	0.0011	0.0011	0.0011	0.0010	0.0010
3.1	0.0010	0.0009	0.0009	0.0009	0.0008	0.0008	0.0008	0.0008	0.0007	0.0007
3.2	0.0007	0.0007	0.0006	0.0006	0.0006	0.0006	0.0006	0.0005	0.0005	0.0005
3.3	0.0005	0.0005	0.0005	0.0004	0.0004	0.0004	0.0004	0.0004	0.0004	0.0003
3.4	0.0003	0.0003	0.0003	0.0003	0.0003	0.0003	0.0003	0.0003	0.0003	0.0002

[표 4] 카이제곱분포—오른쪽 꼬리 확률

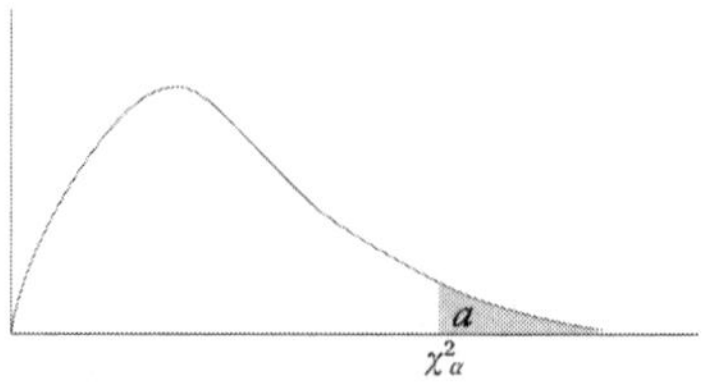

df	0.9995	0.999	0.9975	0.995	0.990	0.975	0.950	0.900	0.750	0.500
1	0.00	0.00	0.00	0.00	0.00	0.00	0.00	0.02	0.10	0.45
2	0.00	0.00	0.01	0.01	0.02	0.05	0.10	0.21	0.58	1.39
3	0.02	0.02	0.04	0.07	0.11	0.22	0.35	0.58	1.21	2.37
4	0.06	0.09	0.14	0.21	0.30	0.48	0.71	1.06	1.92	3.36
5	0.16	0.21	0.31	0.41	0.55	0.83	1.15	1.61	2.67	4.35
6	0.30	0.38	0.53	0.68	0.87	1.24	1.64	2.20	3.45	5.35
7	0.48	0.60	0.79	0.99	1.24	1.69	2.17	2.83	4.25	6.35
8	0.71	0.86	1.10	1.34	1.65	2.18	2.73	3.49	5.07	7.34
9	0.97	1.15	1.45	1.73	2.09	2.70	3.33	4.17	5.90	8.34
10	1.26	1.48	1.83	2.16	2.56	3.25	3.94	4.87	6.74	9.34
11	1.59	1.83	2.23	2.60	3.05	3.82	4.57	5.58	7.58	10.34
12	1.93	2.21	2.66	3.07	3.57	4.40	5.23	6.30	8.44	11.34
13	2.31	2.62	3.11	3.57	4.11	5.01	5.89	7.04	9.30	12.34
14	2.70	3.04	3.58	4.07	4.66	5.63	6.57	7.79	10.17	13.34
15	3.11	3.48	4.07	4.60	5.23	6.26	7.26	8.55	11.04	14.34
16	3.54	3.94	4.57	5.14	5.81	6.91	7.96	9.31	11.91	15.34
17	3.98	4.42	5.09	5.70	6.41	7.56	8.67	10.09	12.79	16.34
18	4.44	4.90	5.62	6.26	7.01	8.23	9.39	10.86	13.68	17.34
19	4.91	5.41	6.17	6.84	7.63	8.91	10.12	11.65	14.56	18.34
20	5.40	5.92	6.72	7.43	8.26	9.59	10.85	12.44	15.45	19.34
21	5.90	6.45	7.29	8.03	8.90	10.28	11.59	13.24	16.34	20.34
22	6.40	6.98	7.86	8.64	9.54	10.98	12.34	14.04	17.24	21.34
23	6.92	7.53	8.45	9.26	10.20	11.69	13.09	14.85	18.14	22.34
24	7.45	8.08	9.04	9.89	10.86	12.40	13.85	15.66	19.04	23.34
25	7.99	8.65	9.65	10.52	11.52	13.12	14.61	16.47	19.94	24.34
26	8.54	9.22	10.26	11.16	12.20	13.84	15.38	17.29	20.84	25.34
27	9.09	9.80	10.87	11.81	12.88	14.57	16.15	18.11	21.75	26.34
28	9.66	10.39	11.50	12.46	13.56	15.31	16.93	18.94	22.66	27.34
29	10.23	10.99	12.13	13.12	14.26	16.05	17.71	19.77	23.57	28.34
30	10.80	11.59	12.76	13.79	14.95	16.79	18.49	20.60	24.48	29.34
40	16.91	17.92	19.42	20.71	22.16	24.43	26.51	29.05	33.66	39.34
50	23.46	24.67	26.46	27.99	29.71	32.36	34.76	37.69	42.94	49.33
60	30.34	31.74	33.79	35.53	37.48	40.48	43.19	46.46	52.29	59.33
80	44.79	46.52	49.04	51.17	53.54	57.15	60.39	64.28	71.14	79.33
100	59.90	61.92	64.86	67.33	70.06	74.22	77.93	82.36	90.13	99.33

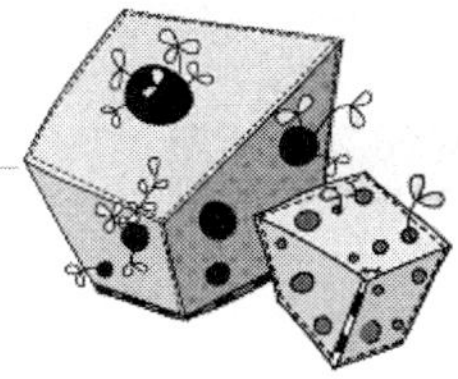

[표 4] 카이제곱분포—오른쪽 꼬리 확률(계속)

df	0.250	0.200	0.150	0.100	0.050	0.025	0.020	0.010	0.005	0.0025	0.001	0.0005
1	1.32	1.64	2.07	2.71	3.84	5.02	5.41	6.63	7.88	9.14	10.83	12.12
2	2.77	3.22	3.79	4.61	5.99	7.38	7.82	9.21	10.60	11.98	13.82	15.20
3	4.11	4.64	5.32	6.25	7.81	9.35	9.84	11.34	12.84	14.32	16.27	17.73
4	5.39	5.99	6.74	7.78	9.49	11.14	11.67	13.28	14.86	16.42	18.47	20.00
5	6.63	7.29	8.12	9.24	11.07	12.83	13.39	15.09	16.75	18.39	20.51	22.11
6	7.84	8.56	9.45	10.64	12.59	14.45	15.03	16.81	18.55	20.25	22.46	24.10
7	9.04	9.80	10.75	12.02	14.07	16.01	16.62	18.48	20.28	22.04	24.32	26.02
8	10.22	11.03	12.03	13.36	15.51	17.53	18.17	20.09	21.95	23.77	26.12	27.87
9	11.39	12.24	13.29	14.68	16.92	19.02	19.68	21.67	23.59	25.46	27.88	29.67
10	12.55	13.44	14.53	15.99	18.31	20.48	21.16	23.21	25.19	27.11	29.59	31.42
11	13.70	14.63	15.77	17.28	19.68	21.92	22.62	24.72	26.76	28.73	31.26	33.14
12	14.85	15.81	16.99	18.55	21.03	23.34	24.05	26.22	28.30	30.32	32.91	34.82
13	15.98	16.98	18.20	19.81	22.36	24.74	25.47	27.69	29.82	31.88	34.53	36.48
14	17.12	18.15	19.41	2.106	23.68	26.12	26.87	29.14	31.32	33.43	36.12	38.11
15	18.25	19.31	20.60	22.31	25.00	27.49	28.26	30.58	32.80	34.95	37.70	39.72
16	19.37	20.47	21.79	23.54	26.30	28.85	29.63	32.00	34.27	36.46	39.25	41.31
17	20.49	21.61	22.98	24.77	27.59	30.19	31.00	33.41	35.72	37.95	40.79	42.88
18	21.60	22.76	24.16	25.99	28.87	31.53	32.35	34.81	37.16	39.42	42.31	44.43
19	22.72	23.90	25.33	27.20	30.14	32.85	33.69	36.19	38.58	40.88	43.82	45.97
20	23.83	25.04	26.50	28.41	31.41	34.17	35.02	37.57	40.00	42.34	45.31	47.50
21	24.93	26.17	27.66	29.62	32.67	35.48	36.34	38.93	41.40	43.78	46.80	49.01
22	26.04	27.30	28.82	30.81	33.92	36.78	37.66	40.29	42.80	45.20	48.27	50.51
23	27.14	28.43	29.98	32.01	35.17	38.08	38.97	41.64	44.18	46.62	49.73	52.00
24	28.24	29.55	31.13	33.20	36.42	39.36	40.27	42.98	45.56	48.03	51.18	53.48
25	29.34	30.68	32.28	34.38	37.65	40.65	41.57	44.31	46.93	49.44	52.62	54.95
26	30.43	31.79	33.43	35.56	38.89	41.92	42.86	45.64	48.29	50.83	54.05	56.41
27	31.53	32.91	34.57	36.74	40.11	43.19	44.14	46.96	49.64	52.22	55.48	57.86
28	32.62	34.03	35.71	37.92	41.34	44.46	45.42	48.28	50.99	53.59	56.89	59.30
29	33.71	35.14	36.85	39.09	42.56	45.72	46.69	49.59	52.34	54.97	58.30	60.73
30	34.80	36.25	37.99	40.26	43.77	46.98	47.96	50.89	53.67	56.33	59.70	62.16
40	45.62	47.27	49.24	51.81	55.76	59.34	60.44	63.69	66.77	69.70	73.40	76.09
50	56.33	58.16	60.35	63.17	67.50	71.42	72.61	76.15	79.49	82.66	86.66	89.56
60	66.98	68.97	71.34	74.40	79.08	83.30	84.58	88.38	91.95	95.34	99.61	102.7
80	88.13	90.41	93.11	96.58	101.9	106.6	108.1	112.3	116.3	120.1	124.8	128.3
100	109.1	111.7	114.7	118.5	124.3	129.6	131.1	135.8	140.2	144.3	149.4	153.2

[표 5] 스튜던트 t 분포—오른쪽 꼬리 확률

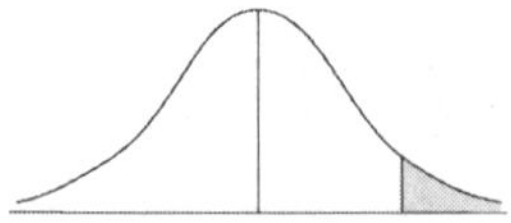

df\α	0.25	0.20	0.15	0.10	0.05	0.025	0.02	0.01	0.005	0.0025	0.001	0.0005
1	1.000	1.376	1.963	3.078	6.314	12.71	15.89	31.82	63.66	127.3	318.3	636.6
2	0.816	1.061	1.386	1.886	2.920	4.303	4.849	6.965	9.925	14.09	22.33	31.60
3	0.765	0.978	1.250	1.638	2.353	3.182	3.482	4.541	5.841	7.453	10.21	12.92
4	0.741	0.941	1.190	1.533	2.132	2.776	2.999	3.747	4.604	5.598	7.173	8.610
5	0.727	0.920	1.156	1.476	2.015	2.571	2.757	3.365	4.032	4.773	5.893	6.869
6	0.718	0.906	1.134	1.440	1.943	2.447	2.612	3.143	3.707	4.317	5.208	5.959
7	0.711	0.896	1.119	1.415	1.895	2.365	2.517	2.998	3.499	4.029	4.785	5.408
8	0.706	0.889	1.108	1.397	1.860	2.306	2.449	2.896	3.355	3.833	4.501	5.041
9	0.703	0.883	1.100	1.383	1.833	2.262	2.398	2.821	3.250	3.690	4.297	4.781
10	0.700	0.879	1.093	1.372	1.812	2.228	2.359	2.764	3.169	3.581	4.144	4.587
11	0.697	0.876	1.088	1.363	1.796	2.201	2.328	2.718	3.106	3.497	4.025	4.437
12	0.695	0.873	1.083	1.356	1.782	2.179	2.303	2.681	3.055	3.428	3.930	4.318
13	0.694	0.870	1.079	1.350	1.771	2.160	2.282	2.650	3.012	3.372	3.852	4.221
14	0.692	0.868	1.076	1.345	1.761	2.145	2.264	2.624	2.977	3.326	3.787	4.140
15	0.691	0.866	1.074	1.341	1.753	2.131	2.249	2.602	2.947	3.286	3.733	4.073
16	0.690	0.865	1.071	1.337	1.746	2.120	2.235	2.583	2.921	3.252	3.686	4.015
17	0.689	0.863	1.069	1.333	1.740	2.110	2.224	2.567	2.898	3.222	3.646	3.965
18	0.688	0.862	1.067	1.330	1.734	2.101	2.214	2.552	2.878	3.197	3.611	3.922
19	0.688	0.861	1.066	1.328	1.729	2.093	2.205	2.539	2.861	3.174	3.579	3.883
20	0.687	0.860	1.064	1.325	1.725	2.086	2.197	2.528	2.845	3.153	3.552	3.850
21	0.686	0.859	1.063	1.323	1.721	2.080	2.189	2.518	2.831	3.135	3.527	3.819
22	0.686	0.858	1.061	1.321	1.717	2.074	2.183	2.508	2.819	3.119	3.505	3.792
23	0.685	0.858	1.060	1.319	1.714	2.069	2.177	2.500	2.807	3.104	3.485	3.768
24	0.685	0.857	1.059	1.318	1.711	2.064	2.172	2.492	2.797	3.091	3.467	3.745
25	0.684	0.856	1.058	1.316	1.708	2.060	2.167	2.485	2.787	3.078	3.450	3.725
26	0.684	0.856	1.058	1.315	1.706	2.056	2.162	2.479	2.779	3.067	3.435	3.707
27	0.684	0.855	1.057	1.314	1.703	2.052	2.158	2.473	2.771	3.057	3.421	3.690
28	0.683	0.855	1.056	1.313	1.701	2.048	2.154	2.467	2.763	3.047	3.408	3.674
29	0.683	0.854	1.055	1.311	1.699	2.045	2.150	2.462	2.756	3.038	3.396	3.659
30	0.683	0.854	1.055	1.310	1.697	2.042	2.147	2.457	2.750	3.030	3.385	3.646
40	0.681	0.851	1.050	1.303	1.684	2.021	2.123	2.423	2.704	2.971	3.307	3.551
50	0.679	0.849	1.047	1.299	1.676	2.009	2.109	2.403	2.678	2.937	3.261	3.496
60	0.679	0.848	1.045	1.296	1.671	2.000	2.099	2.390	2.660	2.915	3.232	3.460
80	0.678	0.846	1.043	1.292	1.664	1.990	2.088	2.374	2.639	2.887	3.195	3.416
100	0.677	0.845	1.042	1.290	1.660	1.984	2.081	2.364	2.626	2.871	3.174	3.390
1,000	0.675	0.842	1.037	1.282	1.646	1.962	2.056	2.330	2.581	2.813	3.098	3.300
∞	0.674	0.841	1.036	1.282	1.645	1.960	2.054	2.326	2.576	2.807	3.091	3.291

[표 6] F 분포—오른쪽 꼬리 확률

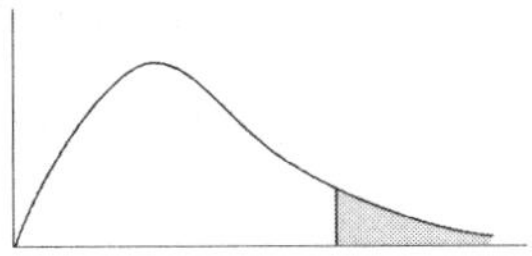

분모의 자유도	α	1	2	3	4	5	6	7	8	9	10
		분자의 자유도									
	0.100	39.86	49.50	53.59	55.83	57.24	58.20	58.91	59.44	59.86	60.19
	0.050	161.45	199.50	215.71	224.58	230.10	233.99	236.77	238.88	240.54	241.88
1	0.025	647.79	799.50	864.16	899.58	921.85	937.11	948.22	956.66	963.28	968.63
	0.010	4052.2	4999.5	5403.4	5624.6	5763.6	5859.0	5928.4	5981.1	6022.5	6055.8
	0.001	405284	500000	540379	562500	576405	585937	592873	598144	602284	605621
	0.100	8.53	9.00	9.16	9.24	9.29	9.33	9.35	9.37	9.38	9.39
	0.050	18.51	19.00	19.16	19.25	19.30	19.33	19.35	19.37	19.38	19.40
2	0.025	38.51	39.00	39.17	39.25	39.30	39.33	39.36	39.37	39.39	39.40
	0.010	98.50	99.00	99.17	99.25	99.30	99.33	99.36	99.37	99.39	99.40
	0.001	998.50	999.00	999.17	999.25	999.30	999.33	999.36	999.37	999.39	999.40
	0.100	5.54	5.46	5.39	5.34	5.31	5.28	5.27	5.25	5.24	5.23
	0.050	10.13	9.55	9.28	9.12	9.01	8.94	8.89	8.85	8.81	8.79
3	0.025	17.44	16.04	15.44	15.10	14.88	14.73	14.62	14.54	14.47	14.42
	0.010	34.12	30.82	29.46	28.71	28.24	27.91	27.67	27.49	27.35	27.23
	0.001	167.03	148.50	141.11	137.10	134.58	132.85	131.58	130.62	129.86	129.25
	0.100	4.54	4.32	4.19	4.11	4.05	4.01	3.98	3.95	3.94	3.92
	0.050	7.71	6.94	6.59	6.39	6.26	6.16	6.09	6.04	6.00	5.96
4	0.025	12.22	10.65	9.98	9.60	9.36	9.20	9.07	8.98	8.90	8.84
	0.010	21.20	18.00	16.69	15.98	15.52	15.21	14.98	14.80	14.66	14.55
	0.001	74.14	61.25	56.18	53.44	51.71	50.53	49.66	49.00	48.47	48.05
	0.100	4.06	3.78	3.62	3.52	3.45	3.40	3.37	3.34	3.32	3.30
	0.050	6.61	5.79	5.41	5.19	5.05	4.95	4.88	4.82	4.77	4.74
5	0.025	10.01	8.43	7.76	7.39	7.15	6.98	6.85	6.76	6.68	6.62
	0.010	16.26	13.27	12.06	11.39	10.97	10.67	10.46	10.29	10.16	10.05
	0.001	47.18	37.12	33.20	31.09	29.75	28.83	28.16	27.65	27.24	26.92
	0.100	3.78	3.46	3.29	3.18	3.11	3.05	3.01	2.98	2.96	2.94
	0.050	5.99	5.14	4.76	4.53	4.39	4.28	4.21	4.15	4.10	4.06
6	0.025	8.81	7.26	6.60	6.23	5.99	5.82	5.70	5.60	5.52	5.46
	0.010	13.75	10.92	9.78	9.15	8.75	8.47	8.26	8.10	7.98	7.87
	0.001	35.51	27.00	23.70	21.92	20.80	20.03	19.46	19.03	18.69	18.41

[표 6] F 분포—오른쪽 꼬리 확률(계속)

분모의 자유도	α	분자의 자유도 12	15	20	25	30	40	50	60	120	1,000
1	0.100	60.71	61.22	61.74	62.05	62.26	62.53	62.69	62.79	63.06	63.30
	0.050	243.91	245.95	248.01	249.26	250.10	251.14	251.77	252.20	253.25	254.11
	0.025	976.71	984.87	993.10	998.08	1001.4	1005.6	1008.1	1009.8	1014.0	1017.7
	0.010	6106.3	6157.3	6208.7	6239.8	6260.6	6286.8	6302.5	6313.0	6339.4	6362.7
	0.001	610668	615764	620908	624017	626099	628712	630285	631337	633972	636301
2	0.100	9.41	9.42	9.44	9.45	9.46	9.47	9.47	9.47	9.48	9.49
	0.050	19.41	19.43	19.45	19.46	19.46	19.47	19.48	19.48	19.49	19.49
	0.025	39.41	39.43	39.45	39.46	39.46	39.47	39.48	39.48	39.49	39.50
	0.010	99.42	99.43	99.45	99.46	99.47	99.47	99.48	99.48	99.49	99.50
	0.001	999.42	999.43	999.45	999.46	999.47	999.47	999.48	999.48	999.49	999.50
3	0.100	5.22	5.20	5.18	5.17	5.17	5.16	5.15	5.15	5.14	5.13
	0.050	8.74	8.70	8.66	8.63	8.62	8.59	8.58	8.57	8.55	8.53
	0.025	14.34	14.25	14.17	14.12	14.08	14.04	14.01	13.99	13.95	13.91
	0.010	27.05	26.87	26.69	26.58	26.50	26.41	26.35	26.32	26.22	26.14
	0.001	128.32	127.37	126.42	125.84	125.45	124.96	124.66	124.47	123.97	123.53
4	0.100	3.90	3.87	3.84	3.83	3.82	3.80	3.80	3.79	3.78	3.76
	0.050	5.91	5.86	5.80	5.77	5.75	5.72	5.70	5.69	5.66	5.63
	0.025	8.75	8.66	8.56	8.50	8.46	8.41	8.38	8.36	8.31	8.26
	0.010	14.37	14.20	14.02	13.91	13.84	13.75	13.69	13.65	13.56	13.47
	0.001	47.41	46.76	46.10	45.70	45.43	45.09	44.88	44.75	44.40	44.09
5	0.100	3.27	3.24	3.21	3.19	3.17	3.16	3.15	3.14	3.12	3.11
	0.050	4.68	4.62	4.56	4.52	4.50	4.46	4.44	4.43	4.40	4.37
	0.025	6.52	6.43	6.33	6.27	6.23	6.18	6.14	6.12	6.07	6.02
	0.010	9.89	9.72	9.55	9.45	9.38	9.29	9.24	9.20	9.11	9.03
	0.001	26.42	25.91	25.39	25.08	24.87	24.60	24.44	24.33	24.06	23.82
6	0.100	2.90	2.87	2.84	2.81	2.80	2.78	2.77	2.76	2.74	2.72
	0.050	4.00	3.94	3.87	3.83	3.81	3.77	3.75	3.74	3.70	3.67
	0.025	5.37	5.27	5.17	5.11	5.07	5.01	4.98	4.96	4.90	4.86
	0.010	7.72	7.56	7.40	7.30	7.23	7.14	7.09	7.06	6.97	6.89
	0.001	17.99	17.56	17.12	16.85	16.67	16.44	16.31	16.21	15.98	15.77

[표 6] F 분포—오른쪽 꼬리 확률(계속)

분모의 자유도	α	분자의 자유도 1	2	3	4	5	6	7	8	9	10
7	0.100	3.59	3.26	3.07	2.96	2.88	2.83	2.78	2.75	2.72	2.70
	0.050	5.59	4.74	4.35	4.12	3.97	3.87	3.79	3.73	3.68	3.64
	0.025	8.07	6.54	5.89	5.52	5.29	5.12	4.99	4.90	4.82	4.76
	0.010	12.25	9.55	8.45	7.85	7.46	7.19	6.99	6.84	6.72	6.62
	0.001	29.25	21.69	18.77	17.20	16.21	15.52	15.02	14.63	14.33	14.08
8	0.100	3.46	3.11	2.92	2.81	2.73	2.67	2.62	2.59	2.56	2.54
	0.050	5.32	4.46	4.07	3.84	3.69	3.58	3.50	3.44	3.39	3.35
	0.025	7.57	6.06	5.42	5.05	4.82	4.65	4.53	4.43	4.36	4.30
	0.010	11.26	8.65	7.59	7.01	6.63	6.37	6.18	6.03	5.91	5.81
	0.001	25.41	18.49	15.83	14.39	13.48	12.86	12.40	12.05	11.77	11.54
9	0.100	3.36	3.01	2.81	2.69	2.61	2.55	2.51	2.47	2.44	2.42
	0.050	5.12	4.26	3.86	3.63	3.48	3.37	3.29	3.23	3.18	3.14
	0.025	7.21	5.71	5.08	4.72	4.48	4.32	4.20	4.10	4.03	3.96
	0.010	10.56	8.02	6.99	6.42	6.06	5.80	5.61	5.47	5.35	5.26
	0.001	22.86	16.39	13.90	12.56	11.71	11.13	10.70	10.37	10.11	9.89
10	0.100	3.29	2.92	2.73	2.61	2.52	2.46	2.41	2.38	2.35	2.32
	0.050	4.96	4.10	3.71	3.48	3.33	3.22	3.14	3.07	3.02	2.98
	0.025	6.94	5.46	4.83	4.47	4.24	4.07	3.95	3.85	3.78	3.72
	0.010	10.04	7.56	6.55	5.99	5.64	5.39	5.20	5.06	4.94	4.85
	0.001	21.04	14.91	12.55	11.28	10.48	9.93	9.52	9.20	8.96	8.75
11	0.100	3.23	2.86	2.66	2.54	2.45	2.39	2.34	2.30	2.27	2.25
	0.050	4.84	3.98	3.59	3.36	3.20	3.09	3.01	2.95	2.90	2.85
	0.025	6.72	5.26	4.63	4.28	4.04	3.88	3.76	3.66	3.59	3.53
	0.010	9.65	7.21	6.22	5.67	5.32	5.07	4.89	4.74	4.63	4.54
	0.001	19.69	13.81	11.56	10.35	9.58	9.05	8.66	8.35	8.12	7.92
12	0.100	3.18	2.81	2.61	2.48	2.39	2.33	2.28	2.24	2.21	2.19
	0.050	4.75	3.89	3.49	3.26	3.11	3.00	2.91	2.85	2.80	2.75
	0.025	6.55	5.10	4.47	4.12	3.89	3.73	3.61	3.51	3.44	3.37
	0.010	9.33	6.93	5.95	5.41	5.06	4.82	4.64	4.50	4.39	4.30
	0.001	18.64	12.97	10.80	9.63	8.89	8.38	8.00	7.71	7.48	7.29
13	0.100	3.14	2.76	2.56	2.43	2.35	2.28	2.23	2.20	2.16	2.14
	0.050	4.67	3.81	3.41	3.18	3.03	2.92	2.83	2.77	2.71	2.67
	0.025	6.41	4.97	4.35	4.00	3.77	3.60	3.48	3.39	3.31	3.25
	0.010	9.07	6.70	5.74	5.21	4.86	4.62	4.44	4.30	4.19	4.10
	0.001	17.82	12.31	10.21	9.07	8.35	7.86	7.49	7.21	6.98	6.80

[표 6] F 분포—오른쪽 꼬리 확률(계속)

분모의 자유도	α	분자의 자유도 12	15	20	25	30	40	50	60	120	1,000
	0.100	2.67	2.63	2.59	2.57	2.56	2.54	2.52	2.51	2.49	2.47
	0.050	3.57	3.51	3.44	3.40	3.38	3.34	3.32	3.30	3.27	3.23
7	0.025	4.67	4.57	4.47	4.40	4.36	4.31	4.28	4.25	4.20	4.15
	0.010	6.47	6.31	6.16	6.06	5.99	5.91	5.86	5.82	5.74	5.66
	0.001	13.71	13.32	12.93	12.69	12.53	12.33	12.20	12.12	11.91	11.72
	0.100	2.50	2.46	2.42	2.40	2.38	2.36	2.35	2.34	2.32	2.30
	0.050	3.28	3.22	3.15	3.11	3.08	3.04	3.02	3.01	2.97	2.93
8	0.025	4.20	4.10	4.00	3.94	3.89	3.84	3.81	3.78	3.73	3.68
	0.010	5.67	5.52	5.36	5.26	5.20	5.12	5.07	5.03	4.95	4.87
	0.001	11.19	10.84	10.48	10.26	10.11	9.92	9.80	9.73	9.53	9.36
	0.100	2.38	2.34	2.30	2.27	2.25	2.23	2.22	2.21	2.18	2.16
	0.050	3.07	3.01	2.94	2.89	2.86	2.83	2.80	2.79	2.75	2.71
9	0.025	3.87	3.77	3.67	3.60	3.56	3.51	3.47	3.45	3.39	3.34
	0.010	5.11	4.96	4.81	4.71	4.65	4.57	4.52	4.48	4.40	4.32
	0.001	9.57	9.24	8.90	8.69	8.55	8.37	8.26	8.19	8.00	7.84
	0.100	2.28	2.24	2.20	2.17	2.16	2.13	2.12	2.11	2.08	2.06
	0.050	2.91	2.85	2.77	2.73	2.70	2.66	2.64	2.62	2.58	2.54
10	0.025	3.62	3.52	3.42	3.35	3.31	3.26	3.22	3.20	3.14	3.09
	0.010	4.71	4.56	4.41	4.31	4.25	4.17	4.12	4.08	4.00	3.92
	0.001	8.45	8.13	7.80	7.60	7.47	7.30	7.19	7.12	6.94	6.78
	0.100	2.21	2.17	2.12	2.10	2.08	2.05	2.04	2.03	2.00	1.98
	0.050	2.79	2.72	2.65	2.60	2.57	2.53	2.51	2.49	2.45	2.41
11	0.025	3.43	3.33	3.23	3.16	3.12	3.06	3.03	3.00	2.94	2.89
	0.010	4.40	4.25	4.10	4.01	3.94	3.86	3.81	3.78	3.69	3.61
	0.001	7.63	7.32	7.01	6.81	6.68	6.52	6.42	6.35	6.18	6.02
	0.100	2.15	2.10	2.06	2.03	2.01	1.99	1.97	1.96	1.93	1.91
	0.050	2.69	2.62	2.54	2.50	2.47	2.43	2.40	2.38	2.34	2.30
12	0.025	3.28	3.18	3.07	3.01	2.96	2.91	2.87	2.85	2.79	2.73
	0.010	4.16	4.01	3.86	3.76	3.70	3.62	3.57	3.54	3.45	3.37
	0.001	7.00	6.71	6.40	6.22	6.09	5.93	5.83	5.76	5.59	5.44
	0.100	2.10	2.05	2.01	1.98	1.96	1.93	1.92	1.90	1.88	1.85
	0.050	2.60	2.53	2.46	2.41	2.38	2.34	2.31	2.30	2.25	2.21
13	0.025	3.15	3.05	2.95	2.88	2.84	2.78	2.74	2.72	2.66	2.60
	0.010	3.96	3.82	3.66	3.57	3.51	3.43	3.38	3.34	3.25	3.18
	0.001	6.52	6.23	5.93	5.75	5.63	5.47	5.37	5.30	5.14	4.99

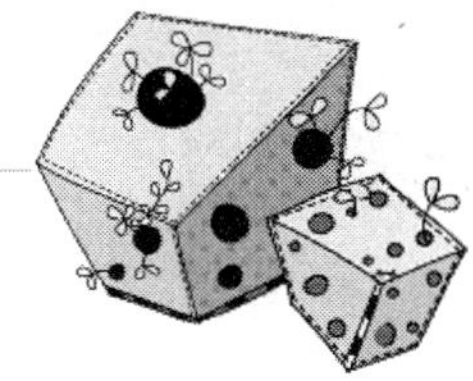

[표 6] F 분포—오른쪽 꼬리 확률(계속)

분모의 자유도	α	분자의 자유도 1	2	3	4	5	6	7	8	9	10
	0.100	3.10	2.73	2.52	2.39	2.31	2.24	2.19	2.15	2.12	2.10
	0.050	4.60	3.74	3.34	3.11	2.96	2.85	2.76	2.70	2.65	2.60
14	0.025	6.30	4.86	4.24	3.89	3.66	3.50	3.38	3.29	3.21	3.15
	0.010	8.86	6.51	5.56	5.04	4.69	4.46	4.28	4.14	4.03	3.94
	0.001	17.14	11.78	9.73	8.62	7.92	7.44	7.08	6.80	6.58	6.40
	0.100	3.07	2.70	2.49	2.36	2.27	2.21	2.16	2.12	2.09	2.06
	0.050	4.54	3.68	3.29	3.06	2.90	2.79	2.71	2.64	2.59	2.54
15	0.025	6.20	4.77	4.15	3.80	3.58	3.41	3.29	3.20	3.12	3.06
	0.010	8.68	6.36	5.42	4.89	4.56	4.32	4.14	4.00	3.89	3.80
	0.001	16.59	11.34	9.34	8.25	7.57	7.09	6.74	6.47	6.26	6.08
	0.100	3.05	2.67	2.46	2.33	2.24	2.18	2.13	2.09	2.06	2.03
	0.050	4.49	3.63	3.24	3.01	2.85	2.74	2.66	2.59	2.54	2.49
16	0.025	6.12	4.69	4.08	3.73	3.50	3.34	3.22	3.12	3.05	2.99
	0.010	8.53	6.23	5.29	4.77	4.44	4.20	4.03	3.89	3.78	3.69
	0.001	16.12	10.97	9.01	7.94	7.27	6.80	6.46	6.19	5.98	5.81
	0.100	3.03	2.64	2.44	2.31	2.22	2.15	2.10	2.06	2.03	2.00
	0.050	4.45	3.59	3.20	2.96	2.81	2.70	2.61	2.55	2.49	2.45
17	0.025	6.04	4.62	4.01	3.66	3.44	3.28	3.16	3.06	2.98	2.92
	0.010	8.40	6.11	5.19	4.67	4.34	4.10	3.93	3.79	3.68	3.59
	0.001	15.72	10.66	8.73	7.68	7.02	6.56	6.22	5.96	5.75	5.58
	0.100	3.01	2.62	2.42	2.29	2.20	2.13	2.08	2.04	2.00	1.98
	0.050	4.41	3.55	3.16	2.93	2.77	2.66	2.58	2.51	2.46	2.41
18	0.025	5.98	4.56	3.95	3.61	3.38	3.22	3.10	3.01	2.93	2.87
	0.010	8.29	6.01	5.09	4.58	4.25	4.01	3.84	3.71	3.60	3.51
	0.001	15.38	10.39	8.49	7.46	6.81	6.35	6.02	5.76	5.56	5.39
	0.100	2.99	2.61	2.40	2.27	2.18	2.11	2.06	2.02	1.98	1.96
	0.050	4.38	3.52	3.13	2.90	2.74	2.63	2.54	2.48	2.42	2.38
19	0.025	5.92	4.51	3.90	3.56	3.33	3.17	3.05	2.96	2.88	2.82
	0.010	8.18	5.93	5.01	4.50	4.17	3.94	3.77	3.63	3.52	3.43
	0.001	15.08	10.16	8.28	7.27	6.62	6.18	5.85	5.59	5.39	5.22
	0.100	2.97	2.59	2.38	2.25	2.16	2.09	2.04	2.00	1.96	1.94
	0.050	4.35	3.49	3.10	2.87	2.71	2.60	2.51	2.45	2.39	2.35
20	0.025	5.87	4.46	3.86	3.51	3.29	3.13	3.01	2.91	2.84	2.77
	0.010	8.10	5.85	4.94	4.43	4.10	3.87	3.70	3.56	3.46	3.37
	0.001	14.82	9.95	8.10	7.10	6.46	6.02	5.69	5.44	5.24	5.08

[표 6] F 분포—오른쪽 꼬리 확률(계속)

분모의 자유도	α	분자의 자유도									
		12	15	20	25	30	40	50	60	120	1,000
14	0.100	2.05	2.01	1.96	1.93	1.91	1.89	1.87	1.86	1.83	1.80
	0.050	2.53	2.46	2.39	2.34	2.31	2.27	2.24	2.22	2.18	2.14
	0.025	3.05	2.95	2.84	2.78	2.73	2.67	2.64	2.61	2.55	2.50
	0.010	3.80	3.66	3.51	3.41	3.35	3.27	3.22	3.18	3.09	3.02
	0.001	6.13	5.85	5.56	5.38	5.25	5.10	5.00	4.94	4.77	4.62
15	0.100	2.02	1.97	1.92	1.89	1.87	1.85	1.83	1.82	1.79	1.76
	0.050	2.48	2.40	2.33	2.28	2.25	2.20	2.18	2.16	2.11	2.07
	0.025	2.96	2.86	2.76	2.69	2.64	2.59	2.55	2.52	2.46	2.40
	0.010	3.67	3.52	3.37	3.28	3.21	3.13	3.08	3.05	2.96	2.88
	0.001	5.81	5.54	5.25	5.07	4.95	4.80	4.70	4.64	4,47	4.33
16	0.100	1.99	1.94	1.89	1.86	1.84	1.81	1.79	1.78	1.75	1.72
	0.050	2.42	2.35	2.28	2.23	2.19	2.15	2.12	2.11	2.06	2.02
	0.025	2.89	2.79	2.68	2.61	2.57	2.51	2.47	2.45	2.38	2.32
	0.010	3.55	3.41	3.26	3.16	3.10	3.02	2.97	2.93	2.84	2.76
	0.001	5.55	5.27	4.99	4.82	4.70	4.54	4.45	4.39	4.23	4.08
17	0.100	1.96	1.91	1.86	1.83	1.81	1.78	1.76	1.75	1.72	1.69
	0.050	2.38	2.31	2.23	2.18	2.15	2.10	2.08	2.06	2.01	1.97
	0.025	2.82	2.72	2.62	2.55	2.50	2.44	2.41	2.38	2.32	2.26
	0.010	3.46	3.31	3.16	3.07	3.00	2.92	2.87	2.83	2.75	2.66
	0.001	5.32	5.05	4.78	4.60	4.48	4.33	4.24	4.18	4.02	3.87
18	0.100	1.93	1.89	1.84	1.80	1.78	1.75	1.74	1.72	1.69	1.66
	0.050	2.34	2.27	2.19	2.14	2.11	2.06	2.04	2.02	1.97	1.92
	0.025	2.77	2.67	2.56	2.49	2.44	2.38	2.35	2.32	2.26	2.20
	0.010	3.37	3.23	3.08	2.98	2.92	2.84	2.78	2.75	2.66	2.58
	0.001	5.13	4.87	4.59	4.42	4.30	4.15	4.06	4.00	3.84	3.69
19	0.100	1.91	1.86	1.81	1.78	1.76	1.73	1.71	1.70	1.67	1.64
	0.050	2.31	2.23	2.16	2.11	2.07	2.03	2.00	1.98	1.93	1.88
	0.025	2.72	2.62	2.51	2.44	2.39	2.33	2.30	2.27	2.20	2.14
	0.010	3.30	3.15	3.00	2.91	2.84	2.76	2.71	2.67	2.58	2.50
	0.001	4.97	4.70	4.43	4.26	4.14	3.99	3.90	3.84	3.68	3.53
20	0.100	1.89	1.84	1.79	1.76	1.74	1.71	1.69	1.68	1.64	1.61
	0.050	2.28	2.20	2.12	2.07	2.04	1.99	1.97	1.95	1.90	1.85
	0.025	2.68	2.57	2.46	2.40	2.35	2.29	2.25	2.22	2.16	2.09
	0.010	3.23	3.09	2.94	2.84	2.78	2.69	2.64	2.61	2.52	2.43
	0.001	4.82	4.56	4.29	4.12	4.00	3.86	3.77	3.70	3.54	3.40

[표 6] F 분포—오른쪽 꼬리 확률(계속)

분모의 자유도	α	분자의 자유도 1	2	3	4	5	6	7	8	9	10
21	0.100	2.96	2.57	2.36	2.23	2.14	2.08	2.02	1.98	1.95	1.92
	0.050	4.32	3.47	3.07	2.84	2.68	2.57	2.49	2.42	2.37	2.32
	0.025	5.83	4.42	3.82	3.48	3.25	3.09	2.97	2.87	2.80	2.73
	0.010	8.02	5.78	4.87	4.37	4.04	3.81	3.64	3.51	3.40	3.31
	0.001	14.59	9.77	7.94	6.95	6.32	5.88	5.56	5.31	5.11	4.95
22	0.100	2.95	2.56	2.35	2.22	2.13	2.06	2.01	1.97	1.93	1.90
	0.050	4.30	3.44	3.05	2.82	2.66	2.55	2.46	2.40	2.34	2.30
	0.025	5.79	4.38	3.78	3.44	3.22	3.05	2.93	2.84	2.76	2.70
	0.010	7.95	5.72	4.82	4.31	3.99	3.76	3.59	3.45	3.35	3.26
	0.001	14.38	9.61	7.80	6.81	6.19	5.76	5.44	5.19	4.99	4.83
23	0.100	2.94	2.55	2.34	2.21	2.11	2.05	1.99	1.95	1.92	1.89
	0.050	4.28	3.42	3.03	2.80	2.64	2.53	2.44	2.37	2.32	2.27
	0.025	5.75	4.35	3.75	3.41	3.18	3.02	2.90	2.81	2.73	2.67
	0.010	7.88	5.66	4.76	4.26	3.94	3.71	3.54	3.41	3.30	3.21
	0.001	14.20	9.47	7.67	6.70	6.08	5.65	5.33	5.09	4.89	4.73
24	0.100	2.93	2.54	2.33	2.19	2.10	2.04	1.98	1.94	1.91	1.88
	0.050	4.26	3.40	3.01	2.78	2.62	2.51	2.42	2.36	2.30	2.25
	0.025	5.72	4.32	3.72	3.38	3.15	2.99	2.87	2.78	2.70	2.64
	0.010	7.82	5.61	4.72	4.22	3.90	3.67	3.50	3.36	3.26	3.17
	0.001	14.03	9.34	7.55	6.59	5.98	5.55	5.23	4.99	4.80	4.64
25	0.100	2.92	2.53	2.32	2.18	2.09	2.02	1.97	1.93	1.89	1.87
	0.050	4.24	3.39	2.99	2.76	2.60	2.49	2.40	2.34	2.28	2.24
	0.025	5.69	4.29	3.69	3.35	3.13	2.97	2.85	2.75	2.68	2.61
	0.010	7.77	5.57	4.68	4.18	3.85	3.63	3.46	3.32	3.22	3.13
	0.001	13.88	9.22	7.45	6.49	5.89	5.46	5.15	4.91	4.71	4.56
26	0.100	2.91	2.52	2.31	2.17	2.08	2.01	1.96	1.92	1.88	1.86
	0.050	4.23	3.37	2.98	2.74	2.59	2.47	2.39	2.32	2.27	2.22
	0.025	5.66	4.27	3.67	3.33	3.10	2.94	2.82	2.73	2.65	2.59
	0.010	7.72	5.53	4.64	4.14	3.82	3.59	3.42	3.29	3.18	3.09
	0.001	13.74	9.12	7.36	6.41	5.80	5.38	5.07	4.83	4.64	4.48
27	0.100	2.90	2.51	2.30	2.17	2.07	2.00	1.95	1.91	1.87	1.85
	0.050	4.21	3.35	2.96	2.73	2.57	2.46	2.37	2.31	2.25	2.20
	0.025	5.63	4.24	3.65	3.31	3.08	2.92	2.80	2.71	2.63	2.57
	0.010	7.68	5.49	4.60	4.11	3.78	3.56	3.39	3.26	3.15	3.06
	0.001	13.61	9.02	7.27	6.33	5.73	5.31	5.00	4.76	4.57	4.41

[표 6] *F* 분포—오른쪽 꼬리 확률(계속)

분모의 자유도	α	분자의 자유도 12	15	20	25	30	40	50	60	120	1,000
	0.100	1.87	1.83	1.78	1.74	1.72	1.69	1.67	1.66	1.62	1.59
	0.050	2.25	2.18	2.10	2.05	2.01	1.96	1.94	1.92	1.87	1.82
21	0.025	2.64	2.53	2.42	2.36	2.31	2.25	2.21	2.18	2.11	2.05
	0.010	3.17	3.03	2.88	2.79	2.72	2.64	2.58	2.55	2.46	2.37
	0.001	4.70	4.44	4.17	4.00	3.88	3.74	3.64	3.58	3.42	3.28
	0.100	1.86	1.81	1.76	1.73	1.70	1.67	1.65	1.64	1.60	1.57
	0.050	2.23	2.15	2.07	2.02	1.98	1.94	1.91	1.89	1.84	1.79
22	0.025	2.60	2.50	2.39	2.32	2.27	2.21	2.17	2.14	2.08	2.01
	0.010	3.12	2.98	2.83	2.73	2.67	2.58	2.53	2.50	2.40	2.32
	0.001	4.58	4.33	4.06	3.89	3.78	3.63	3.54	3.48	3.32	3.17
	0.100	1.84	1.80	1.74	1.71	1.69	1.66	1.64	1.62	1.59	1.55
	0.050	2.20	2.13	2.05	2.00	1.96	1.91	1.88	1.86	1.81	1.76
23	0.025	2.57	2.47	2.36	2.29	2.24	2.18	2.14	2.11	2.04	1.98
	0.010	3.07	2.93	2.78	2.69	2.62	2.54	2.48	2.45	2.35	2.27
	0.001	4.48	4.23	3.96	3.79	3.68	3.53	3.44	3.38	3.22	3.08
	0.100	1.83	1.78	1.73	1.70	1.67	1.64	1.62	1.61	1.57	1.54
	0.050	2.18	2.11	2.03	1.97	1.94	1.89	1.86	1.84	1.79	1.74
24	0.025	2.54	2.44	2.33	2.26	2.21	2.15	2.11	2.08	2.01	1.94
	0.010	3.03	2.89	2.74	2.64	2.58	2.49	2.44	2.40	2.31	2.22
	0.001	4.39	4.14	3.87	3.71	3.59	3.45	3.36	3.29	3.14	2.99
	0.100	1.82	1.77	1.72	1.68	1.66	1.63	1.61	1.59	1.56	1.52
	0.050	2.16	2.09	2.01	1.96	1.92	1.87	1.84	1.82	1.77	1.72
25	0.025	2.51	2.41	2.30	2.23	2.18	2.12	2.08	2.05	1.98	1.91
	0.010	2.99	2.85	2.70	2.60	2.54	2.45	2.40	2.36	2.27	2.18
	0.001	4.31	4.06	3.79	3.63	3.52	3.37	3.28	3.22	3.06	2.91
	0.100	1.81	1.76	1.71	1.67	1.65	1.61	1.59	1.58	1.54	1.51
	0.050	2.15	2.07	1.99	1.94	1.90	1.85	1.82	1.80	1.75	1.70
26	0.025	2.49	2.39	2.28	2.21	2.16	2.09	2.05	2.03	1.95	1.89
	0.010	2.96	2.81	2.66	2.57	2.50	2.42	2.36	2.33	2.23	2.14
	0.001	4.24	3.99	3.72	3.56	3.44	3.30	3.21	3.15	2.99	2.84
	0.100	1.80	1.75	1.70	1.66	1.64	1.60	1.58	1.57	1.53	1.50
	0.050	2.13	2.06	1.97	1.92	1.88	1.84	1.81	1.79	1.73	1.68
27	0.025	2.47	2.36	2.25	2.18	2.13	2.07	2.03	2.00	1.93	1.86
	0.010	2.93	2.78	2.63	2.54	2.47	2.38	2.33	2.29	2.20	2.11
	0.001	4.17	3.92	3.66	3.49	3.38	3.23	3.14	3.08	2.92	2.78

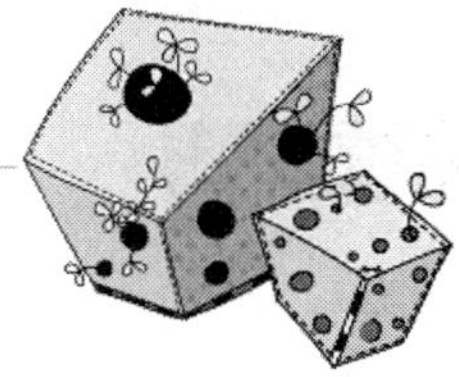

[표 6] F 분포—오른쪽 꼬리 확률(계속)

분모의 자유도	α	분자의 자유도 1	2	3	4	5	6	7	8	9	10
28	0.100	2.89	2.50	2.29	2.16	2.06	2.00	1.94	1.90	1.87	1.84
	0.050	4.20	3.34	2.95	2.71	2.56	2.45	2.36	2.29	2.24	2.19
	0.025	5.61	4.22	3.63	3.29	3.06	2.90	2.78	2.69	2.61	2.55
	0.010	7.64	5.45	4.57	4.07	3.75	3.53	3.36	3.23	3.12	3.03
	0.001	13.50	8.93	7.19	6.25	5.66	5.24	4.93	4.69	4.50	4.35
29	0.100	2.89	2.50	2.28	2.15	2.06	1.99	1.93	1.89	1.86	1.83
	0.050	4.18	3.33	2.93	2.70	2.55	2.43	2.35	2.28	2.22	2.18
	0.025	5.59	4.20	3.61	3.27	3.04	2.88	2.76	2.67	2.59	2.53
	0.010	7.60	5.42	4.54	4.04	3.73	3.50	3.33	3.20	3.09	3.00
	0.001	13.39	8.85	7.12	6.19	5.59	5.18	4.87	4.64	4.45	4.29
30	0.100	2.88	2.49	2.28	2.14	2.05	1.98	1.93	1.88	1.85	1.82
	0.050	4.17	3.32	2.92	2.69	2.53	2.42	2.33	2.27	2.21	2.16
	0.025	5.57	4.18	3.59	3.25	3.03	2.87	2.75	2.65	2.57	2.51
	0.010	7.56	5.39	4.51	4.02	3.70	3.47	3.30	3.17	3.07	2.98
	0.001	13.29	8.77	7.05	6.12	5.53	5.12	4.82	4.58	4.39	4.24
40	0.100	2.84	2.44	2.23	2.09	2.00	1.93	1.87	1.83	1.79	1.76
	0.050	4.08	3.23	2.84	2.61	2.45	2.34	2.25	2.18	2.12	2.08
	0.025	5.42	4.05	3.46	3.13	2.90	2.74	2.62	2.53	2.45	2.39
	0.010	7.31	5.18	4.31	3.83	3.51	3.29	3.12	2.99	2.89	2.80
	0.001	12.61	8.25	6.59	5.70	5.13	4.73	4.44	4.21	4.02	3.87
50	0.100	2.81	2.41	2.20	2.06	1.97	1.90	1.84	1.80	1.76	1.73
	0.050	4.03	3.18	2.79	2.56	2.40	2.29	2.20	2.13	2.07	2.03
	0.025	5.34	3.97	3.39	3.05	2.83	2.67	2.55	2.46	2.38	2.32
	0.010	7.17	5.06	4.20	3.72	3.41	3.19	3.02	2.89	2.78	2.70
	0.001	12.22	7.96	6.34	5.46	4.90	4.51	4.22	4.00	3.82	3.67
60	0.100	2.79	2.39	2.18	2.04	1.95	1.87	1.82	1.77	1.74	1.71
	0.050	4.00	3.15	2.76	2.53	2.37	2.25	2.17	2.10	2.04	1.99
	0.025	5.29	3.93	3.34	3.01	2.79	2.63	2.51	2.41	2.33	2.27
	0.010	7.08	4.98	4.13	3.65	3.34	3.12	2.95	2.82	2.72	2.63
	0.001	11.97	7.77	6.17	5.31	4.76	4.37	4.09	3.86	3.69	3.54
100	0.100	2.76	2.36	2.14	2.00	1.91	1.83	1.78	1.73	1.69	1.66
	0.050	3.94	3.09	2.70	2.46	2.31	2.19	2.10	2.03	1.97	1.93
	0.025	5.18	3.83	3.25	2.92	2.70	2.54	2.42	2.32	2.24	2.18
	0.010	6.90	4.82	3.98	3.51	3.21	2.99	2.82	2.69	2.59	2.50
	0.001	11.50	7.41	5.86	5.02	4.48	4.11	3.83	3.61	3.44	3.30

[표 6] F 분포—오른쪽 꼬리 확률(계속)

분모의 자유도	α	분자의 자유도									
		12	15	20	25	30	40	50	60	120	1,000
	0.100	1.79	1.74	1.69	1.65	1.63	1.59	1.57	1.56	1.52	1.48
	0.050	2.12	2.04	1.96	1.91	1.87	1.82	1.79	1.77	1.71	1.66
28	0.025	2.45	2.34	2.23	2.16	2.11	2.05	2.01	1.98	1.91	1.84
	0.010	2.90	2.75	2.60	2.51	2.44	2.35	2.30	2.26	2.17	2.08
	0.001	4.11	3.86	3.60	3.43	3.32	3.18	3.09	3.02	2.86	2.72
	0.100	1.78	1.73	1.68	1.64	1.62	1.58	1.56	1.55	1.51	1.47
	0.050	2.10	2.03	1.94	1.89	1.85	1.81	1.77	1.75	1.70	1.65
29	0.025	2.43	2.32	2.21	2.14	2.09	2.03	1.99	1.96	1.89	1.82
	0.010	2.87	2.73	2.57	2.48	2.41	2.33	2.27	2.23	2.14	2.05
	0.001	4.05	3.80	3.54	3.38	3.27	3.12	3.03	2.97	2.81	2.66
	0.100	1.77	1.72	1.67	1.63	1.61	1.57	1.55	1.54	1.50	1.46
	0.050	2.09	2.01	1.93	1.88	1.84	1.79	1.76	1.74	1.68	1.63
30	0.025	2.41	2.31	2.20	2.12	2.07	2.01	1.97	1.94	1.87	1.80
	0.010	2.84	2.70	2.55	2.45	2.39	2.30	2.25	2.21	2.11	2.02
	0.001	4.00	3.75	3.49	3.33	3.22	3.07	2.98	2.92	2.76	2.61
	0.100	1.71	1.66	1.61	1.57	1.54	1.51	1.48	1.47	1.42	1.38
	0.050	2.00	1.92	1.84	1.78	1.74	1.69	1.66	1.64	1.58	1.52
40	0.025	2.29	2.18	2.07	1.99	1.94	1.88	1.83	1.80	1.72	1.65
	0.010	2.66	2.52	2.37	2.27	2.20	2.11	2.06	2.02	1.92	1.82
	0.001	3.64	3.40	3.14	2.98	2.87	2.73	2.64	2.57	2.41	2.25
	0.100	1.68	1.63	1.57	1.53	1.50	1.46	1.44	1.42	1.38	1.33
	0.050	1.95	1.87	1.78	1.73	1.69	1.63	1.60	1.58	1.51	1.45
50	0.025	2.22	2.11	1.99	1.92	1.87	1.80	1.75	1.72	1.64	1.56
	0.010	2.56	2.42	2.27	2.17	2.10	2.01	1.95	1.91	1.80	1.70
	0.001	3.44	3.20	2.95	2.79	2.68	2.53	2.44	2.38	2.21	2.05
	0.100	1.66	1.60	1.54	1.50	1.48	1.44	1.41	1.40	1.35	1.30
	0.050	1.92	1.84	1.75	1.69	1.65	1.59	1.56	1.53	1.47	1.40
60	0.025	2.17	2.06	1.94	1.87	1.82	1.74	1.70	1.67	1.58	1.49
	0.010	2.50	2.35	2.20	2.10	2.03	1.94	1.88	1.84	1.73	1.62
	0.001	3.32	3.08	2.83	2.67	2.55	2.41	2.32	2.25	2.08	1.92
	0.100	1.61	1.56	1.49	1.45	1.42	1.38	1.35	1.34	1.28	1.22
	0.050	1.85	1.77	1.68	1.62	1.57	1.52	1.48	1.45	1.38	1.30
100	0.025	2.08	1.97	1.85	1.77	1.71	1.64	1.59	1.56	1.46	1.36
	0.010	2.37	2.22	2.07	1.97	1.89	1.80	1.74	1.69	1.57	1.45
	0.001	3.07	2.84	2.59	2.43	2.32	2.17	2.08	2.01	1.83	1.64

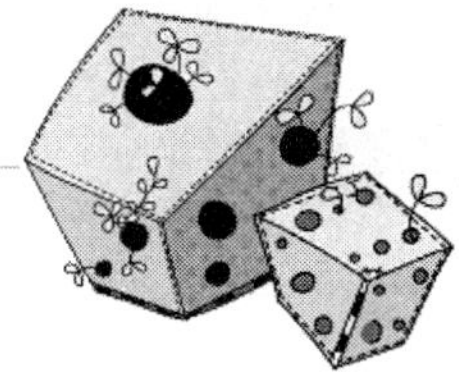

[표 7] 난수표

줄								
101	19223	95034	05756	28713	96409	12531	42544	82853
102	73676	47150	99400	01927	27754	42648	82425	36290
103	45467	71709	77558	00095	32863	29485	82226	90056
104	52711	38889	93074	60227	40011	85848	48767	52573
105	95592	94007	69971	91481	60779	53791	17297	59335
106	68417	35013	15529	72765	85089	57067	50211	47487
107	82739	57890	20807	47511	81676	55300	94383	14893
108	60940	72024	17868	24943	61790	90656	87964	18883
109	36009	19365	15412	39638	85453	46816	83485	41979
110	38448	48789	18338	24697	39364	42006	76688	08708
111	81486	69487	60513	09297	00412	71238	27649	39950
112	59636	88804	04634	71197	19352	73089	84898	45785
113	62568	70206	40325	03699	71080	22553	11486	11776
114	45159	32992	75730	66280	03819	56202	02938	70915
115	61041	77684	94322	24709	73698	14526	31893	32592
116	14459	26056	31424	80371	65103	62253	50490	61181
117	38167	98532	62183	70632	23417	26185	41448	75532
118	73190	32533	04470	29669	84407	90785	65956	86382
119	95857	07118	87664	92099	58806	66979	98624	84826
120	35476	55972	39421	65850	04266	35435	43742	11937
121	71487	09984	29077	14863	61683	47052	62224	51025
122	13873	81598	95052	90908	73592	75186	87136	95761
123	54580	81507	27102	56027	55892	33063	41842	81868
124	71035	09001	43367	49497	72719	96758	27611	91596
125	96746	12149	37823	71868	18442	35119	62103	39244
126	96927	19931	36089	74192	77567	88741	48409	41903
127	43909	99477	25330	64359	40085	16925	85117	36071
128	15689	14227	06565	14374	13352	49367	81982	87209
129	36759	58984	68288	22913	18638	54303	00795	08727
130	69051	64817	87174	09517	84534	06489	87201	97245
131	05007	16632	81194	14873	04197	85576	45195	96565
132	68732	55259	84292	08796	43165	93739	31685	97150
133	45740	41807	65561	33302	07051	93623	18132	09547
134	27816	78416	18329	21337	35213	37741	04312	68508
135	66925	55658	39100	78458	11206	19876	87151	31260
136	08421	44753	77377	28744	75592	08563	79140	92454
137	53645	66812	61421	47836	12609	15373	98481	14592
138	66831	68908	40772	21558	47781	33586	79177	06928
139	55588	99404	70708	41098	43563	56934	48394	51719
140	12975	13258	13048	45144	72321	81940	00360	02428
141	96767	35964	23822	96012	94591	65194	50842	53372
142	72829	50232	97892	63408	77919	44575	24870	04178
143	88565	42628	17797	49376	61762	16953	88604	12724
144	62964	88145	83083	69453	46109	59505	69680	00900
145	19687	12633	57857	95806	09931	02150	43163	58636
146	37609	59057	66967	83401	60705	02384	90597	93600
147	54973	86278	88737	74351	47500	84552	19909	67181
148	00694	05977	19664	65441	20903	62371	22725	53340
149	71546	05233	53946	68743	72460	27601	45403	88692
150	07511	88915	41267	16853	84569	79367	32337	03316

[표 7] 난수표(계속)

줄								
151	03802	29341	29264	80198	12371	13121	54969	43912
152	77320	35030	77519	41109	98296	18984	60869	12349
153	07886	56866	39648	69290	03600	05376	58958	22720
154	87065	74133	21117	70595	22791	67306	28420	52067
155	42090	09628	54035	93879	98441	04606	27381	82637
156	55494	67690	88131	81800	11188	28552	25752	21953
157	16698	30406	96587	65985	07165	50148	16201	86792
158	16297	07626	68683	45335	34377	72941	41764	77038
159	22897	17467	17638	70043	36243	13008	83993	22869
160	98163	45944	34210	64158	76971	27689	82926	75957
161	43400	25831	06283	22138	16043	15706	73345	26238
162	97341	46254	88153	62336	21112	35574	99271	45297
163	64578	67197	28310	90341	37531	63890	52630	76315
164	11022	79124	49525	63078	17229	32165	01343	21394
165	81232	43939	23840	05995	84589	06788	76358	26622
166	36843	84798	51167	44728	20554	55538	27647	32708
167	84329	80081	69516	78934	14293	92478	16479	26974
168	27788	85789	41592	74472	96773	27090	24954	41474
169	99224	00850	43737	75202	44753	63236	14260	73686
170	38075	73239	52555	46342	13365	02182	30443	53229
171	87368	49451	55771	48343	51236	18522	73670	23212
172	40512	00681	44282	47178	08139	78693	34715	75606
173	81636	57578	54286	27216	58758	80358	84115	84568
174	26411	94292	06340	97762	37033	85968	94165	46514
175	80011	09937	57195	33906	94831	10056	42211	65491
176	92813	87503	63494	71379	76550	45984	05481	50830
177	70348	72871	63419	57363	29685	43090	18763	31714
178	24005	52114	26224	39078	80798	15220	43186	00976
179	85063	55810	10470	08029	30025	29734	61181	72090
180	11532	73186	92541	06915	72954	10167	12142	26492
181	59618	03914	05208	84088	20426	39004	84582	87317
182	92965	50837	39921	84661	82514	81899	24565	60874
183	85116	27684	14597	85747	01596	25889	41998	15635
184	15106	10411	90221	49377	44369	28185	80959	76355
185	03638	31589	07871	25792	85823	55400	56026	12193
186	97971	48932	45792	63993	95635	28753	46069	84635
187	49345	18305	76213	82390	77412	97401	50650	71755
188	87370	88099	89695	87633	76987	85503	26257	51736
189	88296	95670	74932	65317	93848	43988	47597	83044
190	79485	92200	99401	54473	34336	82786	05457	60343
191	40830	24979	23333	37619	56227	95941	59494	86539
192	32006	76302	81221	00693	95197	75044	46596	11628
193	37569	85187	44692	50706	53161	69027	88389	60313
194	56680	79003	23361	67094	15019	63261	24543	52884
195	05172	08100	22316	54495	60005	29532	18433	18057
196	74782	27005	03894	98038	20627	40307	47317	92759
197	85228	93264	61409	03404	09649	55937	60843	66167
198	68309	12060	14762	58002	03716	81968	57934	32624
199	26461	88346	52430	60906	74216	96263	69296	90107
200	42672	67680	42376	95023	82744	03971	96560	55148

[표 8] 그리스 문자표

대문자	소문자	명칭 및 발음		우리말 읽기
Α	*α*	alpha	[álfa]	알파
Β	*β*	beta	[bέ:ta]	베타
Γ	*γ*	gamma	[gámma]	감마
Δ	*δ*	delta	[délta]	델타
Ε	*ε*	epsilon	[épsilon]	엡실론
Ζ	*ζ*	dzeta	[dʒέ:ta]	제타
Η	*η*	eta	[έ:ta]	에타
Θ	*θ* (ϑ)	theta	[θ έ:ta]	데타(세타)
Ι	*ι*	iota	[iɔ́:ta]	이오타
Κ	*κ*	kappa	[káppa]	캅파
Λ	*λ*	lambda	[lámbda]	람다
Μ	*μ*	my	[my:]	뮤
Ν	*ν*	ny	[ny:]	뉴
Ξ	*ξ*	xi	[ksi]	크시
Ο	*ο*	omicron	[ómikron]	오미크론
Π	*π*	pi	[pi:]	피(파이)
Ρ	*ρ*	rho	[rɔ:]	로
Σ	*σ* (ς)	sigma	[sígma]	시그마
Τ	*τ*	tau	[tau]	타우
Υ	*υ*	ypsilon	[ý:psilon]	윕실론
Φ	ϕ (*φ*)	phi	[fi:]	피
Χ	*χ*	khi	[xi:]	키
Ψ	*ψ*	psi	[psi:]	프시
Ω	*ω*	omega	[ɔ́:mega]	오메가

참고문헌

강석복 외 1인, 『통계적 확률분포이론』, 경문사, 2003.

고왕경, 『확률의 이해』, 경문사, 2004.

김우철 외 9인, 『통계학 개론』, 영지문화사, 1989.

김익성, 『확률론』, 경문사, 1998.

김해경 외 1인, 『확률과 통계 이론적 기초』, 경문사, 2004.

신양우, 『기초확률론』, 경문사, 2000.

염준근 외, 『통계학』, 자유아카데미, 1994.

우정수 외 1인, 『통계이론과 연습』, 경문사, 2002.

윤상운 외 1인, 『실용통계학』, 자유아카데미, 1999.

이민영, 『확률 및 통계입문』, 경문사, 2003.

전명식, 『수리통계학』, 자유아카데미, 1991 .

R. V. Hogg & A. T. Craig, *Introduction to Mathematical Statistics,* Prentice Hall, 1995.

L. J. Bain & M. Engelhardt, *Introduction to Probability and Mathematical Statistics,* PWS Publishing Company, 1987.

찾아보기

(ㄱ)

(ㄴ)

(ㄷ)

(ㅂ)

(ㅅ)

■ 장세경
단국대학교 대학원 이학박사(확률론 전공)

■ 김현
단국대학교 대학원 정보통계학과 박사과정 수료
현재 단국대학교 응용수학과 강사

새로운 제4판
확률의 이해

지은이 장세경 · 김현
펴낸이 박문규
펴낸곳 경문사
펴낸날 2006년 9월 1일 1판 1쇄
2013년 3월 5일 4판 1쇄
등 록 1979년 11월 9일 제313-1979-23호
주 소 121-818, 서울특별시 마포구 와우산로 174
전 화 (02)332-2004 팩스 (02)336-5193
이메일 kyungmoon@kyungmoon.com

값 14,000원

ISBN 978-89-6105-607-6